고양이백과

이희훈 著

(주)현축

고양이백과

이희훈 著

(주)현축

발간사

    고양이는 반려동물의 하나로 우리의 삶 속에서 가족의 일원이자 동반자로 깊게 자리매김하고 있습니다.
    행복감을 안겨주는 고양이는 삶에 활력소를 불어넣어 주며 조용하고 부드러운 신체구조는 애묘인들에게 더할 나위 없는 평안함을 제공해 주고 있습니다.
    특히, 가족구성원과의 관계에서 종속관계가 아닌 수평관계를 유지하며, 독립심이 강한 것이 두드러진 특징입니다.
    일정한 장소에서 대·소변을 구별하고 배설한 분뇨는 모래 등으로 덮는 청결성과 조용한 성품은 고양이 사육의 장점으로 손꼽히고 있습니다.
    신비로운 눈동자와 움직이는 물체에 예민해 함께 할 수 있는 고양이는 즐거울 때나 우울할 때도 아무 조건 없이 삶을 윤택케 하고 행복감을 안겨주고 있습니다.
    번거로움 없이 기를 수 있는 고양이는 전 세계적으로 다양한 품종으로 분화돼 관상과 애완용으로 각광 받고 있습니다.
    이번 「고양이백과」에서는 5천여 년 전 아프리카 리비아 지방 야생 고양이가 순화되어온 역사적 고찰뿐만 아니라 쥐의 천적인 고양이를 재조명하고 있습니다.
    고려시대 국내에 도입되기 시작한 고양이는 왕실이나 사찰에 먼저 유입돼 조선시대에는 곡식 등을 축내는 쥐를 잡아주는 유일한 가축의 일원이었습니다.
    고양이는 귓속에 평행 감각기관이 있어 몸의 균형을 잡고 유연한 몸체를 지니며, 에너지를 소모하지 않기 위해 하루의 절반 이상은 잠자는데 사용할 만큼 조용한 반려동물입니다.
    고양이는 눈과 귀, 꼬리, 냄새 맡기, 소리 등으로 자신의 감정을 표현하며 눈의 동공은 평온할 때 빛의 양에 따라 커지거나 작아지는 등 의사표현이 다양, 사육의 묘미를 가일층 더해주고 있습니다.

  고양이 품종은 제각기 털색과 무늬 등 고유의 특징을 지니고 있을 뿐만 아니라 털 길이에 따라 단모, 중모, 장모로 다양해 사육의 즐거움을 배가시켜 주고 있습니다.

  「고양이백과」에서는 고양이의 어원, 고양이를 부르는 「나비」 뿐만 아니라 왕실의 고양이 사랑과 고양이에 얽힌 이야기들을 집대성하고 있습니다.

  고농서의 사육비법은 오늘날에도 참고할 수 있는 지표이며, 속신과 속설, 속담 등은 우리가 제대로 접할 수 없었던 내용들인 것입니다.

  고양이는 예로부터 풍수지리상 쥐의 형태와 불가분의 관계를 지녀왔고, 고양이 그림은 장수를 상징하고 있습니다.

  한문학 속의 고양이는 선조들의 지혜를 집대성한 것으로 고양이의 생태와 쥐와의 관계를 통해 온고지신(溫故知新)으로 회자되고 있습니다.

  고양이와 관련된 시, 동요, 소설, 영화, 고사성어뿐만 아니라 민담과 유래담, 전설 등도 망라하고 있는 것이 이 책자의 두드러진 특징입니다.

  첨단 유전공학을 이용한 형질전환 복제 고양이와 애완고양이의 장점, 반려고양이와 애묘인들의 축제로 불리는 캣 쇼는 품종 고유의 외형과 특성을 갖춘 고양이를 선발키 위한 것으로 앞으로도 더욱더 활성화될 것입니다.

  반려동물로 인기를 더해가는 고양이는 향후 관련 산업 시장규모도 더욱더 신장할 것입니다.

  이번 「고양이백과」가 애묘인들과 관련 산업 성장에 일조하기를 기대해 마지않습니다.

- 저자 黎鳴 李希勳

CONTENTS **목 차**

제1장 역사적 고찰 · 11

고양이 순화의 역사 · 13
수난사 · 15
국내 도입의 역사 · 16
생태·생리학 · 18
의사 표현 · 23
쥐의 천적 고양이 · 27

제2장 고양이의 세계 · 31

세계의 고양이 품종 · 33
고양이의 어원 · 38
고양이를 부르는 「나비」 · · · · · · · · · · · · · · · · 40
고양할미 · 41
묘창답 · 42

왕실의 고양이 사랑 · 44
고양이 부적 · 45
고양이 가죽 · 46
고양이 요리 · 47
고양이와 사람의 연령 비교 · · · · · · · · · · · · · · · · · 48

제3장 고농서의 사육비법 · 51

고양이 가져오는 길일(吉日) · · · · · · · · · · · · · · · · · 53
고양이 상(相) 보는 법 · 53
병귀(病鬼) 물리치는 묘두와 · · · · · · · · · · · · · · · · 55
고양이 운반법 · 55
고양이 치료법 · 56

제4장 속신과 속설, 속담 · 59

속신과 속설 · 61
속담 · 70

제5장 풍수지리와 고양이 · 73

남벌마을 지킴이 고양이 · · · · · · · · · · · · · · · · · · · 75
묘두(猫頭)와 묘도(猫島) · · · · · · · · · · · · · · · · · · · 76
쥐바위와 고양이 바위 · 76

묘산(猫山) · 78
괭이바위 · 78

제6장 고양이의 상징성 · 81

장수의 상징, 고양이 그림 · · · · · · · · · · · · · · · · · · · 83
고양이 석상 · 85
복(福)을 부르는 고양이, 마네키네코 · · · · · · · · · · 86
고양이 박물관 · 88
기념주화와 우표 · 89
고양이 생두 배설물 「코피 루왁」 · · · · · · · · · · · · · 90
전쟁의 영웅, 고양이 · 91
목묘(木猫) · 94
고양이와 개박하, 개다래 · · · · · · · · · · · · · · · · · · · 95
백합중독증 · 97

제7장 한문학 속의 고양이 · 99

묘상지설(서로 핥는다) · 101
검은 고양이 새끼를 얻다(고율시) · · · · · · · · · · · · 103
의견설의 고양이 · 105
이묘설(두 마리 고양이 이야기) · · · · · · · · · · · · · · 107
투묘(도둑고양이) · 108
이노행(고양이 노래) · 110

오원전(고양이를 의인화) · 118
오원자부(고양이의 일명) · 119
축묘설(고양이를 기른 이야기) · · · · · · · · · · · · · · · · · · · 134
묘설(고양이 이야기) · 136
묘포서설(고양이가 쥐 잡는 이야기) · · · · · · · · · · · · · · · 140

제8장 고양이와 시, 동요, 소설, 영화, 애니메이션, 고사성어 · · · · · 145

고양이의 꿈 · 147
봄은 고양이로소이다 · 148
검은 고양이 네로 · 149
장화신은 고양이 · 150
검은 고양이 · 152
나는 고양이로소이다 · 154
뜨거운 양철 지붕 위의 고양이(Cat on Hot Tin Roof) · · · · 155
캣 우먼(Cat Woman) · 156
톰과 제리 · 157
흑묘백묘론 · 158
궁서설묘 · 159

제9장 민담과 유래담, 설화, 전설 · 161

개와 고양이의 구슬 다툼 · 163
고양이 목에 방울달기 · 165

고양이 바위와 승려 · 167
괭이못과 과부 이야기 · 168
고양이 각시 이야기 · 169
곤지암의 전설 · 171
민속놀이 · 172

제10장 다양한 고양이 · 175

형질전환 복제고양이 · 177
희귀한 삼색 수고양이 · 178
애완고양이 · 180
캣 쇼(Cat Show) · 182
들고양이 · 187
들고양이에 새(鳥) 보호 목도리 · · · · · · · · · · · · · · 193

■ 참고·인용 문헌 · 196

제 1 장
역사적 고찰

- 고양이 순화의 역사
- 수난사
- 국내 도입의 역사
- 생태·생리학
- 의사 표현
- 쥐의 천적 고양이

고양이 백과

고양이는 5,000여 년 전
아프리카 리비아 지방 야생 고양이가
고대 이집트에서 순화되기 시작해
오늘날에는 전 세계적으로 널리 분포하고 있다.

제1장 역사적 고찰

○ 고양이 순화의 역사

고양이는 5,000여 년 전 아프리카 리비아 지방 야생 고양이가 고대 이집트에서 순화되기 시작해 오늘날에는 전 세계적으로 널리 분포하고 있다.

이집트인들은 비옥한 나일강 유역에서 농사를 지으면서 문명을 꽃피웠다.

이 과정에서 쥐들이 곡식을 먹어치우기 시작하자 고양이에게 먹이를 주며 고양이들이 함께 살도록 하는 순화 과정이 뒤따랐다.

고대 이집트 벽화에는 고양이를 이용한 습지의 새 사냥 벽화가 남아 있기도 하다.

고대 이집트에서는 고양이가 풍요와 다산의 여신(女神)이자, 여성의 보호자인 바스테드(Bastet)의 화신(化身)이었다.

기르던 고양이가 죽으면 주인은 눈썹을 밀어 이를 애도(哀悼)하기도 했고, 구리나 나무로 만든 관(棺)에 고양이와 고양이 먹이인 쥐를 미라(Mummy)도 만드는 관습도 있었다.

▲ 고양이 미라(Mummy)

이집트에서 남부 이탈리아를 거쳐 유럽으로 전파된 고양이는 성스러운 동물로 간주돼 함부로 고양이를 죽이게 되면 그 주인을 사형시키는 일도 있었고, 불이 났을 때는 제일 먼저 고양이를 구출하는 등 고양이는 사랑받는 동물이었다.

B.C 500년경 그리스와 중국으로 전파된 고양이는 특히, 중국에서 비단(緋緞)무역이 성행하면서 누에고치를 해치는 쥐를 잡아주는 유익한 동물로 자리 잡았다.

B.C 100년경에 인도 지방으로 전파된 고양이는 이후 태국을 비롯한 동남아시아로 퍼져나가 불교의 경전(經典) 등을 쥐가 갉지 못하게 하는 유일한 퇴치수단으로 활용되기 시작했다.

영국에서 936년 고양이 보호 법률이 웨일스에서 통과된 것만

보아도 고양이는 보호의 대상이기도 했다.

○ 수난사

고양이는 15세기가 끝날 무렵부터 그 영화(榮華)가 몰락되기 시작한 수난의 역사를 지니고 있다. 소위 마녀사냥이 시작되면서였다.

검은 옷을 머리에서부터 뒤집어 쓴 사악한 마녀는 특히, 검은 고양이가 밤이 되면 마녀로 변한다는 속설(俗說) 때문이었다.

이 때문에 영국에서 시작된 마녀사냥이 고양이들을 죽음으로 내몰았고, 프랑스 등지로 널리 확산되기에 이르렀다.

17세기 프랑스에서는 매달 수천 마리의 고양이를 불태웠고, 1630년 프랑스 루이 13세에 이르러서야 고양이를 불태우는 일이 종지부를 찍게 됐다.

이에 앞서 중세 유럽에서는 1347~1351년 동안 흑사병(黑死病)이라 불리는 페스트가 창궐, 2천만 명이 죽음을 당했다.

페스트의 숙주(宿主)는 쥐와 쥐벼룩으로 흉부 외 통증, 기침, 각혈(咯血), 호흡곤란, 고열 등을 수반하며 의식 없이 사망에 이르게 된다.

내출혈로 인해 생기는 피부의 검은 반점 때문에 흑사병으로 불리는 이 감염성 질환은 바로 쥐벼룩이 숙주로 쥐를 잡아주는 고양이의 역할이 재조명 받기 시작한 것이다.

○ 국내 도입의 역사

국내에 고양이(猫)가 도입된 것은 삼국시대로 추정할 수 있다.

삼국시대에 전래된 불교(佛敎)는 육로(陸路)와 해로(海路)를 거쳐 한반도로 들어와 우리 문화로 자리 잡기에 이르렀다.

고구려 소수림왕(小獸林王, 재위 371~384) 2년(327)부터 전래된 불교는 불교 경전(佛敎 經典)뿐만 아니라 승려(僧侶)들의 중국 유학이 활발했던 역사를 지니고 있다.

통일신라시대 이후에는 승려들의 왕성한 저술활동(著述活動)이 있었고, 고려시대에 이르러 대장경판(大藏經版)을 각간(刻刊)하기에 이른다.

호국불교(護國佛敎)의 의식으로 고려 현종(顯宗, 재위 1009~1031)때 처음 각간 되었던 대장경판이 소실(燒失)된 이후 고종(高宗, 재위 1213~1259)은 16년간에 걸쳐 재조(再造), 대장경을

완성했다.

특히, 고려시대부터 각간 된 대장경판 등을 보관할 때 쥐들이 갉아버리는 피해가 뒤따를 수밖에 없었을 것이라는 점을 상기해 보면 고양이 유입은 고려시대에 이르러 활발하게 이뤄졌음을 유추할 수 있다.

이 같은 추론은 고양이가 왕실(王室)이나 사찰(寺刹) 등에 먼저 유입되기 시작했고, 이후 민간에 널리 보급되는 과정을 거치게 됐을 것으로 보인다.

고려시대(918~1392) 불전(佛典) 등을 쥐의 피해 없이

▲ 경남 합천 해인사 장경각에 보관된 팔만대장경

안전하게 운반해오려면 특히, 배에 고양이를 함께 동승시켜야 했고, 조선시대에 이르러 고양이 사육법을 비롯한 고양이 선택법과 질병 치료법 등이 고농서에 수록된 것으로 미루어 고양이는 조선시대로 접어들어 전국적으로 곡식 등을 축내는 쥐를 잡아 주는 유익한 가축의 일원으로 널리 사육되기 시작했다.

○ 생태·생리학

▲ 고양이는 식육목 고양잇과에 속하는 육식포유동물이다.

 고양이는 식육목(食肉目), 고양잇과(猫科)에 속하는 육식(肉食) 포유동물(哺乳動物)이다.
 야행성(夜行性)으로 쥐(鼠)를 잡아주는 유익한 동물일 뿐만 아니라 애완용으로 각광받고 있다.
 고양이의 특징은 넘어지거나 높은 곳에서 떨어져도 몸을 돌려 균형을 잡아 발을 땅에 대고 착지(着地)할 수 있다는 점이다.
 귓속에 평행감각기관(平行感覺器官)이 있어 몸의 균형을 잡고 유연한 몸체를 지니는 것이 두드러진 특징이다.

앞발에 5개의 발가락, 뒷발에 4개의 발가락을 지니고, 발가락 끝에는 날카롭고, 숨길 수 있는 발톱을 지니고 있다.

고양이는 발톱 긁기로 거친 면을 긁어서 헌 발톱을 벗겨내는데 발톱 긁기는 근육을 단련시켜줄 뿐만 아니라 발바닥에서 분비되는 특유의 냄새를 긁는 면에 발라 자신의 영역을 표시한다.

발바닥은 부드럽고 말랑말랑한 살로 덮여 있고 털이 있어 소리 내지 않고 걸을 수 있다. 또한, 뒷발이 길어 사뿐히 뛰어오르거나 내려앉을 수 있다.

후각(嗅覺)이 발달해 있고, 혀 표면 끝 부분에 예리한 뒤쪽을 향한 가시모양 돌기가 있어 뼈에 붙어 있는 고기를 핥기에 알맞고 물 등을 적시어 빨아들이기에 적합하다. 고양이의 혀는 털 손질에도 매우 유용하다.

먹이를 먹을 때는 송곳니로 찌른 다음 고정시키고, 어금니로 먹잇감을 자른 다음 씹지 못하고 잘라서 삼킨다.

야행성 고양이의 눈은 머리뼈 앞쪽에 위치하며 두 눈이 볼 수 있는 범위가 중복돼 먹잇감을 잡는 등에 필요한 거리감각이 뛰어나다.

거리감각은 시계(視界)가 겹쳐지는 양안시(兩眼視) 효과이며, 눈이 양쪽을 향해 있을 때 130°에 해당한다.

어둠 속에서도 잘 볼 수 있는 것은 거의 모든 빛을 반사시켜 주는 특수한 망막층(網膜層) 때문이다.

거의 졸고 있는 듯 보이지만 눈에 들어오는 물체의 상을 빨리 식별(識別)할 수 있어 기민(機敏)하게 행동할 수 있다.

고양이의 얼굴이나 입 주위, 턱 아래, 윗입술, 눈 위, 뺨 등에 나 있는 긴 털은 예민한 촉각의 상징이기도 하다. 수염은 고양이가 통로의 장애물 등을 감지(感知)해 주는 레이더 역할을 담당한다.

▲ 수염은 통로의 장애물 등을 감지(感知)해 주는 레이더 역할을 담당한다.

고양이는 소리에도 민감해 귀를 움직이거나 귀를 뒤로 젖혀 뒤에서 들리는 소리도 듣게 된다.

고양이의 가시청 범위는 사람의 2만 헤르츠(Hertz)보다 높은 5만 헤르츠에 달한다.

또한, 고양이는 공격 시 귀를 뒤로 젖히고 방어 시에는 귀를 내리는 습성이 있다.

고양이의 피부는 탄력적이고 느슨하다. 특히, 뒷덜미 피부는 느슨해서 어미 고양이가 새끼 고양이를 물고 이동할 때도 뒷덜미를 물게 되며, 수컷이 교미(交尾)할 때도 암컷의 뒷덜미를 물어 움직이거나 도망치지 못하게 한다. 무리지어 생활하기보다는 단독생활을 즐기며, 자신의 행동권(行動圈) 내외를 배회(徘徊)하며 먹잇감을 구하며, 쥐를 잡았을 경우 바로 먹지 않고 앞발로 굴리거나 이러 저리 물고 다니다가 먹는 습성을 지니고 있다.

헤엄은 조금 칠 수 있으나 물을 싫어하기 때문에 좀처럼 헤엄치지 않는 육상동물(陸上動物)이다.

저녁 무렵부터 새벽녘까지 주로 활동하며, 에너지를 소모하지 않기 위해서 하루의 절반 이상을 잠자는데 사용한다.

또한, 털 고르기로 긴장(緊張)을 이완시키고 몸을 비벼 자신의 냄새를 남기면서 안심하는 특성을 지니고 있다. 체온은 38.6℃로 털 짐승이지만 추위에 민감해 따뜻한 곳을 좋아한다.

고양이의 털색은 다양해서 검은색, 갈색, 줄무늬, 흰색, 회색, 얼룩무늬 등이 있고, 단일 색 고양이도 있지만 여러 가지 색이 혼합돼 있다.

수고양이는 생식기에서 항문까지의 간격이 길고, 암고양이는 외음순(外陰脣)까지 길이가 짧다.

 태어난 새끼고양이 몸길이는 12cm 정도이며, 눈은 9일쯤 뜬다. 출생 후 4주일경부터 사료를 먹기 시작하고, 6주 정도 포유시킨다.

▲ 고양이는 출생 후 4주일경부터 사료를 먹기 시작한다.

 임신기간은 64일 정도이며, 한 배(腹)에 4~6마리의 새끼를 낳는다.

 발정개시 후 3일 정도에 교미(交尾)가 가장 활발해지며 발정주기는 15~28일로 연간 2~4회 정도 발정한다.

 고양이는 교미 후 24시간 이후에 교미자극에 의해 배란(排

卵)이 일어나는 것이 특징이며, 배란기에 수정(受精)된다.

　발정기 암고양이는 페로몬(pheromone)이라는 물질을 분비하며, 수고양이들은 페로몬을 감지해 암컷 주위로 몰려들게 된다. 페로몬은 성적유혹(性的誘惑)에 작용하는 체외 분비성(體外 分泌性) 물질이다.

　고양이의 배설물은 굵기가 1~2cm 정도 되고 한번에 2~3개 덩어리 형태로 배설하며, 흙이나 모래 등으로 덮는 독특한 습성을 지니고 있다.

　멀리 달리지는 못하지만 짧은 거리는 시속 50km로 달릴 수 있다. 고양이의 평균 수명은 13~17년 내외가 된다.

○ 의사 표현

　고양이는 눈과 귀, 꼬리, 냄새 맡기, 소리 등으로 자신의 감정을 표현하는 특징을 지니고 있다. 눈의 동공(瞳孔)은 평온할 때 빛의 양에 따라 커지거나 작아진다.

　노려보는 시선은 공격을 시도하려 할 때, 눈을 깜박이면서 노려보기를 멈추는 것은 공격을 포기하겠다는 표현이다.

　귀를 뒤로 젖히는 것은 불안감이나 공포, 두려움 등의 표현

▲ 고양이는 눈과 귀, 꼬리, 냄새 맡기, 소리 등으로 자신의 감정을 표현한다.

이다. 자신을 숨기고 자신의 몸을 작게 만들려는 본능적인 행동의 범주에 속한다.

고양이의 레이더 역할을 담당하는 수염은 긴장을 풀었을 때 윗입술 근처 수염이 양 옆으로 늘어진다.

반면, 수염이 뺨에 붙어 있을 때는 자신의 몸을 숨기겠다는 의사표현이다.

고양이는 화가 나면 입을 크게 벌리고 송곳니와 목젖까지 보이는 '하악질'을 하는데 이는 싫다는 뜻이다.

입맛을 다시는 행동은 아부한다는 감정 표현이지만 불안할 때는 입술을 핥게 된다.

하품이나 혀를 쏙 내미는 것은 만족할 때와 흡족할 때 보이는 의사표현에 속한다.

고양이는 냄새를 맡을 때 입을 약간 벌리고 윗입술을 내민 후 아래턱 이를 드러낸 채 실눈을 뜨게 된다.

고양이는 놀랐을 때 꼬리를 곧추 세우게 되며, 천천히 양 옆으로 흔드는 것은 무엇을 생각할 때이며, 격렬히 흔드는 것은 흥분상태로 공격 직전에 보여주는 의사표현이다.

또한, 꼬리와 꼬리털이 서는 것은 위협을 느껴 방어태세로 전환했음을 의미한다.

털을 세우는 것은 무서운 상대나 싫은 상대에게 최대한 자신을 크게 보이려는 행동이며, 활(弓-궁) 모양으로 등을 구부리고 옆으로 폴짝폴짝 뛰면서 상대를 위협하게 된다.

혀로 앞발을 핥은 뒤 수염을 문지르면서 얼굴을 닦고 몸 쪽으로 이동하면서 털 고르기를 하는 것은 만족함과 평온함을 의미한다.

고양이가 내는 '가르릉' 하는 소리는 기분이 좋다는 표현이며, 새끼 고양이들이 어미의 젖을 빨 때 젖이 잘 나오게 하기 위해 어미 고양이의 젖을 앞발로 누르는 '꾹꾹이'도 기분 좋다는 의사 표현이다.

고양이는 어리광부릴 때 꼬리를 세우고 가까이 다가오며, 사람이나 벽에 몸을 비비는데 이는 영역 표시의 방법이다.

고양이는 가구나 소파, 문 등을 발톱으로 긁는 습성이 있다. 이는 자신의 영역과 냄새를 남기기 위함이다.

고양이는 수컷의 경우 꼬리를 높이 세우고 뒷발을 들어 수직면에 소량의 소변을 뿌리는데 이는 자신의 존재감과 함께 자신의 영역표시 방법에 속한다.

고양이는 좁고 어두운 장소를 좋아한다. 이 때문에 좁은 상

▲ 고양이는 어리광부릴 때 꼬리를 세우고 가까이 다가온다.

자 속 등을 선호하며, 땅파기로 자신의 대·소변을 모래 등으로 덮는데 이는 보호본능에 해당된다.

이밖에도 쥐를 잡은 뒤 곧바로 먹지 않고 물어다 놓기도 한다. 이는 사냥감을 바친다는 고양이 나름의 의사표현에 해당된다.

○ 쥐의 천적 고양이

우리나라에 고양이가 언제 어떤 경로를 통해 유입됐는지는 확실한 기록이 없다.

그러나 조선시대로 접어들어 『증보산림경제(增補山林經濟, 1766)』, 『농정회요(農政會要, 1830』, 『임원경제지(林園經濟志, 1842~1845)』에 고양이 기르기나 고양이 선택법, 질병치료법 등이 수록된 사실로 미루어 훨씬 이전부터 사육되기 시작한 것은 틀림없다.

특히, 고양이는 농경사회에서 소중한 곡식을 축내는 쥐와 같은 해로운 설치류(齧齒類) 등을 제거해 주는 유익한 동물로 자리매김하기에 이르렀음을 간과(看過)할 수 없게 된다.

더욱이 고양이는 사육이 번거롭지 않고 청결하며, 인가(人家)와 곳간(庫間)의 쥐들을 잡아 주었기에 집집마다 구서(驅鼠)의 일환으로 각광받아 온 존재였다.

또한, 고양이는 무서운 호랑이의 외모를 닮았지만 사람을 잘 따르는 온순성까지 갖춘 것이 특징이기 때문이다.

쥐는 예로부터 소중한 곡식을 축내는 동물로 농가의 곡물을 먹어치우고 쥐똥과 오줌 등으로 곡물 등을 오염시켜 못 쓰게 하기도 한다.

쥐는 남극 일부를 제외하고 전 세계적으로 널리 분포한다.

쥐는 태양이 작열하는 사막에서도 땅굴을 파고 살거나 산악지대, 늪지대, 나무 위에서 서식하는 등 다양한 환경에 적응해 왔다.

쥐의 종류는 무려 1,800여 종에 달하고, 전체 포유류 중에서 $\frac{1}{3}$을 차지한다.

사람이 사는 곳이라면 어디에서나 그림자처럼 따라 다니며,

음식물 쓰레기나 곡물 등을 먹어치우며 각종 질병을 매개시키는 주범이다.

쥐는 일반적으로 집쥐로 불리는 생쥐, 시궁쥐, 곰쥐가 손꼽힌다.

쥐는 아래 위 한 쌍의 문치(門齒)가 치근(齒根)이 없기 때문에 평생 동안 계속 자라는데다 송곳니 안쪽의 구치(臼齒) 또한, 계속 자라는 형태여서 곡식을 담아 보관하는 나무로 만든 뒤주를 비롯한 가구나 소중한 문서 등을 갉아 버리기 때문에 골치 아픈 존재였다.

쥐는 시력이 나쁜 반면 뛰어난 후각과 미각, 감각, 청각을 지니고 있다. 경계심이 강한 동물로 지붕쥐나 시궁쥐의 행동반경은 45m 정도나 되고, 생쥐의 행동반경은 9m 정도인 것으로

▲ 고양이는 무서운 호랑이의 외모를 닮았지만 사람을 잘 따르는 온순성까지 갖췄다.

알려져 있다.

특히, 뛰어난 미각(味覺)은 1백만 분의 3까지 구분해 내고, 0.7cm의 틈만 있어도 침입한다.

앞니는 연간 13cm까지 자라나고, 15m 높이에서도 다치지 않고 뛰어 내릴 수 있다.

하루 15~30g 정도의 곡물(穀物)을 먹어 치우는 쥐는 폭발적인 번식력을 지닌다.

한 쌍의 쥐는 이상적인 조건이라면 3년간 무려 2천만 마리로 늘어나게 된다는 수학적인 계산도 있다.

연간 6~7회 번식하며, 한번에 6~9마리의 새끼를 낳고, 새끼는 6~10주면 번식하므로 기하급수적으로 늘어나게 되는 것이 쥐이다.

제 2 장
고양이의 세계

- 세계의 고양이 품종
- 고양이의 어원
- 고양이를 부르는 「나비」
- 고양할미
- 묘창답
- 왕실의 고양이 사랑
- 고양이 부적
- 고양이 가죽
- 고양이 요리
- 고양이와 사람의 연령비교

고양이
백과

고양이는 털 길이에 따라
짧은 털인 단모(短毛), 중간 길이 중모(中毛),
긴 털인 장모(長毛)로 구분된다.

제2장
고양이의 세계

○ 세계의 고양이 품종

고양이는 털 길이에 따라 짧은 털인 단모(短毛), 중간 길이 중모(中毛), 긴 털인 장모(長毛)로 구분된다.

또한, 체형과 크기 별로 분류하며, 털색과 무늬에 따라서, 얼굴 모양과 눈 색, 꼬리 길이의 장단(長短) 등에 따라 품종 특유의 특성을 지니고 있다.

고대 이집트 벽화와 비슷한 아비시니안(Abyssinian)은 이마의 M자 무늬가 특징이며, 아메리칸 밥테일(American Bobtail)은 턱 아래 턱수염처럼 보이는 털이 있고, 귀 끝의 장식 털과 꼬리 길이가 일반적인 꼬리 길이 보다 $\frac{1}{2} \sim \frac{1}{3}$ 정도 짧은 것이 특징이다.

▲ 아비시니안(Abyssinian)

▲ 아메리칸 쇼트 헤어
 (American Short hair)

▲ 버만(Birman)

아메리칸 컬(American Curl)은 귀가 넘어가 있는 특징을 보이며, 아메리칸 쇼트 헤어(American Short hair)는 밥테일종의 단모 종으로 털이 굵고 짧다.

곱슬곱슬한 곱슬털이 우성인 아메리칸 와이어 헤어(American Wire hair)와 동남아시아 지역의 표범 무늬를 연상시키게 하는 벵골(Bengal) 고양이는 동그랗고 작은 귀와 얼굴뿐만 아니라 진한 무늬가 특징이다.

발리네즈(Balinese)는 날씬한 몸매에 장모 종으로 우아하게 걷는 걸음걸이가 발리 섬의 무용수들을 연상시킨다는 점에서 붙여준 이름이다.

오늘날의 미얀마 지방에서 유래된 버만(Birman)은 장모 종으로 뽀송뽀송한 부드러운 털과 얼굴, 귀, 꼬리, 발이 짙은 색이며 푸른 눈을 지니고 있다.

금색이나 구리 빛 눈에 진한 검은 색 털을 지녀 인도지방 흑

표범을 연상시키는 봄베이(Bombay)와 단모 종인 브리티쉬 쇼트 헤어(British Short hair)도 있다.

얼굴과 몸매가 동그스름한 버마(Burmese)도 있고, 버밀러(Burmilla)는 촘촘하고 짧은 털에 친칠라와 비슷한 털을 지닌 것이 특징이다.

털색이 빛에 따라 여러 가지 색으로 보인다는 샤르트르(Chartreux), 컬러 포인트 쇼트 헤어(Color point Short hair)는 흰색이나 회색에 가까운 털이 온몸을 덮고 있고 발, 귀, 꼬리, 얼굴에는 붉은 색, 크림 색, 계피 색, 은색 등을 지니는 것이 특징이다.

돌연변이로 털이 곱슬곱슬한 코니쉬 렉스(Cornish Rex), 털이 약간 곱슬곱슬하면서 감촉이 무두질한 양가죽 같은 부드러움을 더해주는 데본 렉스(Devon Rex)도 있다.

이집션 마우(Egyptian Mau)는 마우가 이집트어로 고양이를 뜻하기에 이집트 고양이이며, 점박이 무늬를 지닌 집고양이로 손꼽히고 있다.

▲ 이집션 마우 (Egyptian Mau)

▲ 엑조틱(Exotic)

유러피안 버마(European Burmese)도 있고, 엑조틱(Exotic) 고양이는 페르시안 계열에서 유래한 털이 짧은 고양이 품종이다.

히말라얀(Himalayan)은 페르시안과 샴에서 비롯됐고, 돌아누워있는 모습이 마치 하바나의 엽궐련처럼 보여 붙여진 하바나 브라운(Havana Brown), 예로부터 길러온 꼬리가 짧은 제패니스 밥태일(Japanese Bobtail), 타이가 원산지로 영국에서 개량한 코라트(Korat), 푸들강아지처럼 곱슬털을 지닌 라팜(Laperm), 북미 메이주에서 유래한 메인 쿤(Maine Coon)은 직사각형에 가까운 체형에 장모 중대형 고양이 품종이다.

▲ 히말라얀(Himalayan)　　▲ 제패니스 밥태일(Japanese Bobtail)　　▲ 메인 쿤(Maine Coon)

꼬리가 없거나 짧은 맹크스(Manx)는 뒷다리가 앞다리보다 길어 둥근 엉덩이를 흔들어대며 걷는 독특한 걸음걸이가 특징이며, 노르웨이 숲 고양이(Norwegian Forest Cat)는 노르웨이 숲에서 예로부터 길러온 고양이이다.

은색과 황색에 어둡거나 밝은 갈색 반점의 오시캣(Ocicat),

샴 고양이 외형에 다양한 색상과 무늬를 지닌 고양이를 개량한 오리엔탈(Oriental), 장모 종의 대표적인 품종인 페르시안(Persian)은 몸 전체가 가늘고 긴 털이 풍성하고 얌전하며 주인을 잘 따라 고양이 애호가들의 사랑을 한 몸에 받고 있다. 푸른 눈을 지닌 것이 선호된다.

▲ 페르시안(Persian)

▲ 렉돌(Ragdoll)

렉돌과 유사하면서 양 볼에 수염이 볼록하게 나 있는 라가 머핀(Raga Muffin)과 사람에게 잘 안기기를 좋아하는 렉돌(Ragdoll)은 봉제인형이라는 애칭도 따라다닌다.

러시안 블루(Russian Blue)는 스칸디나비아가 원산이어서 추위에 강하고, 동

▲ 스코티쉬 폴드
(Scottish Fold)

그란 얼굴과 눈, 앞으로 접은 귀를 지닌 스코티쉬 폴드(Scottish Fold)는 생후 4주쯤 보통 귀와 접은 귀로 나뉘게 된다.

곱슬털 셀커크 렉스(Selkirk Rex), 단모 종의 대표적인 샴(Siamese)은 태국의 궁전이나 절에서 길러진 고양이이다.

▲ 샴(Siamese)

▲ 터키쉬 앙고라
(Turkish Angora)

　시베리안(Siberian)은 체중 6~10kg의 대형 종으로 근육질을 자랑하며 풍성하고 탄탄한 삼중 모를 지니며, 싱가퓨라(Singapura)는 작은 체구의 털이 매우 짧은 품종이다.

　사말(Samal)도 있고, 털이 없는 것처럼 보이는 귀가 큰 스핑크스(Syhynx)와 황금빛 색상을 비롯한 다양한 색상을 자랑하는 통키니즈(Tonkinese), 털이 명주실처럼 부드러운 터키쉬 앙고라(Turkish Angora)와 흰색바탕에 머리와 갈기 부분에 색깔이 있는 터키쉬 반(Turkish Van)은 양쪽 눈 색깔이 서로 다른 고양이로 유명세를 타고 있는 등 고양이는 다양한 품종으로 자리 잡았다.

○ 고양이 어원

　고양이는 본래 이름인 「고이」, 「괴」에서 유래됐다는 것이

지배적인 견해이다.

조선 후기 문인이었던 남극관(南克寬, 1689~1714)의 시문집 『몽예집(夢藝集)』을 보면 「高麗史云方言呼猫爲高伊(고려사운방언호묘위고이)」라는 기록이 있어 「고이」는 「괴」로 바뀌었음을 알 수 있다.

이후 「괴」에 작은 것을 나타내는 접미사 「양이」가 결합돼 「괴양이」였지만 「ㅣ」 모음이 탈락되고 「고양이」로 자리 잡게 된 것이다.

또한, 「괭이」는 「고양이」의 준말이기도 하다.

한자의 고양이 묘(猫)자는 원래 개사슴록(犭)이 아니라 갖은 돼지시(豸)변이었다.

「豸」는 시비와 선악을 판단하는 상상의 동물을 상징하고 있기도 하며, 싹을 뜻하는 「묘(苗)」자와 어우러져 쥐가 싹을 갉아먹고 고양이는 싹을 갉아먹는 쥐를 잡아먹기에 오늘날의 묘(猫)자로 자리잡기에 이르렀고, 묘(猫)자의 발음이 고양이 울음소리와 가장 가까운 mao여서 묘(苗) 자가 쓰이게 됐다는 해석도 있다.

「鼠善害猫而猫能捕鼠去猫之害, 故猫之字從猫(서선해묘이묘

능포서거묘지해, 고묘지자종묘)」

　고양이는 사람과의 친근성도 지녀 수고양이는 낭묘(郞猫), 암코양이는 여묘(女猫), 바둑 고양이는 화묘(花猫), 검은 고양이는 표화묘(豹花猫), 새끼 고양이는 묘아(猫兒)라고 지칭하기도 한다. 괭이 갈매기는 우는 소리가 고양이 울음소리와 매우 유사해 붙여진 갈매기 이름이다.

▲ 괭이 갈매기

　한편, 농기구 중 괭이는 황무지 등 척박한 땅을 일구거나 땅을 고르며 씨앗을 넣는 구덩이를 팔 때 쓰이는 농기구의 하나로 괭이 날 모양에 따라 곧은 괭이와 가짓잎 괭이로 대별되며 고양이 턱형, 복숭아 형, 가짓잎 형 등으로 구분되기도 한다.

○ 고양이를 부르는 「나비」

　이름 없는 고양이를 부르는 「나비」는 원숭이의 옛말에서 비롯됐다는 것이 통설이다.

원숭이는 나무를 잘 타고 몸이 빠른 것이 특징으로 원숭이의 방언(方言)은 「잰나비」에서 「잔나비」였고, 접두사 「잔」은 「재다」, 즉 동작이 빠르고 날쌤을 뜻하고 있다.

따라서 고양이를 부르는 「나비」는 원숭이처럼 빠르고 날쌤에서 비롯된 것이다.

고양이에게 먹이를 주면서 부르거나 사람에게 다가오도록 부르는 「나비」는 원숭이에서 파생돼 고양이를 부르는 말로 자리 잡게 된 것이다.

○ 고양할미(猫婆)

정월 첫 번째 소의 날인 상축일(上丑日)이 언제 오느냐에 따라 그해 농사의 풍·흉(豊·凶)을 점치는 점농법(占農法)도 있었다.

고양할미는 하늘에 살다가 설날 인간세상으로 내려왔다가 정월 상축일에 하늘로 되돌아간다고 했다.

고양할미가 하늘에서 내려 올 때는 지상에서 먹을 곡식 한 말을 가져오게 되는데, 하루 한 되씩 먹고 산다. 따라서 지상으로 내려 온 뒤 열흘 이내에 상축일이 들면 가져 온 곡식을

다 먹지 못하고 곡식을 남긴 채 하늘로 올라가게 되지만 열하룻날이 상축일이면 곡식이 부족해 이웃에서 한 되를 꾸어 먹게 되고 꾸어 먹은 곡식도 갚지 못하게 된다는 것이다.

결국 상축일이 일찍 든 해는 고양할미가 곡식을 남겨놓고 가기에 풍년이 들지만 그렇지 못한 해에는 꾸어먹고 갚지 못한 채 승천(昇天)하므로 흉년이 든다는 것으로 정월에 상축일이 언제 오느냐로 한해 농사를 점치던 풍습 중의 하나였다.

○ 묘창답(猫倉畓)

조선시대 문신 박상(朴祥) 선생이 고양이 덕분에 목숨을 건지게 되어 고양이에 대한 보답과 고양이를 위해 제사 지내던 논인 묘창답이 있었다.

『광주광역시 서구 문화기행』에 따르면 박상 선생은 이곳 서창 관내 절골 마을에서 태어난 인물이다.

연산군(燕山君, 재위 1495~1506)이 팔도(八道)에 채홍사(採紅使)를 보내 미색(美色)을 구하던 중 나주골에 사는 우부리(牛夫里)의 딸이 뽑히게 되었다.

딸이 연산군의 후궁(後宮)으로 총애를 받게 되자 우부리는 기세가 등등해졌고, 온갖 못된 짓을 일삼게 됐다.

불의(不義)를 보고 참지 못하는 박상 선생은 전라도 부사로 부임했다.

주위에서는 새로 부임한 박상 선생에게 이구동성으로 우부리에게 부임 인사를 해야 한다고 했지만 그는 오히려 갖은 만행(蠻行)을 일삼는 우부리를 잡아다 곤장으로 쳐 죽이게 된다.

우부리 집에서는 사람을 서울로 급파(急派)해 이 사실을 알렸고, 대노(大怒)한 연산군의 명(命)으로 금부도사(禁府都事)는 사약(死藥)을 갖고 이곳으로 내려오기에 이른다.

박상 선생은 우부리의 죄상을 조정(朝廷)에 알리기 위해 올라가던 중 장성 갈재를 넘어 입암산(笠岩山) 갈림길에 당도하게 됐다.

이때 난데없이 들고양이 한 마리가 나타나 「야옹야옹」 소리를 내며 따라 오라는 듯 그의 바짓가랑이를 물고 보채기에 이상하게 여겨 고양이를 뒤 따라갔다.

사약을 갖고 내려오던 금부도사는 큰 길로 내려왔기에 서로 길이 엇갈려 박상 선생은 위기를 모면하게 됐고, 중종반정(中宗反正)이 일어나는 바람에 이 사건은 불문(不問)에 붙여졌다.

광주광역시 광산구 오산마을에는 목숨을 구해준 고양이에

게 제사 지내는 묘창답이 수십 두락 있었고, 정양사(正陽寺)에서 수곡(收穀)해 왔는데 해방 후 국유지(國有地)로 편입되었다.

○ 왕실의 고양이 사랑

조선시대 이익(李瀷, 1681~1763)의 『성호사설(星湖僿說) 만물문(萬物門)』 편에는 숙종(肅宗, 재위 1674~1720)과 금빛 나는 고양이 금손(金孫)에 대한 이야기가 실려 있다.

「우리 숙종대왕도 일찍이 금묘(金猫) 한 마리를 길렀는데 숙종이 세상을 떠나자 그 고양이 역시 밥을 먹지 않고 죽음으로 명릉(明陵)에 묻어 주었다. 대저(大抵) 개와 말도 주인을 생각한다는 말은 옛적부터 있지만 고양이란 성질이 매우 사나운 것이므로 비록 여러 해를 들여 친하게 만들었다고 해도 하루 아침만 제 비위에 틀리면 갑자기 주인도 아는 체 하지 않고 가버리는 것이다. 그런데 이 금묘 같은 사상은 도화견에 비하면 더욱 이상하다」

여기서 「금손」은 금빛 나는 누런 고양이의 이름이다.

또한, 도화견(桃花犬)은 중국 송(宋)나라 태종 때 황제에게 진상(進上)된 개로 황제가 병상에 눕자 식음을 전폐한 충성스

러웠던 개와 비유한 것이다.

이밖에도 조선왕실의 한글편지를 모은 『숙명신한첩(淑明宸翰帖)』에는 효종(孝宗, 재위 1649~1659)이 숙명공주에게 보낸 편지에서 「너는 시집에 가 (정성을) 바친다고는 하거니와 어찌 고양이를 품고 있느냐. 행여 감기나 걸렸거든 약이나 하여 먹어라」라고 적고 있다.

숙명공주가 고양이를 사랑했음을 엿보게 하며 딸을 사랑하는 부정(父情)이 듬뿍 담겨 있는 내용이다.

○ 고양이 부적

고양이 부적(符籍)은 고양이가 쥐로부터 재산을 지켜주는 재산과 부(富)의 수호신(守護神)이어서 부동산 매매 시에 이용되고 있다.

고양이 부적에는 양도하려는 부동산의 소유주와 주소 등이 명기되며, 팔려고 하는 부동산이 팔리지 않아 재산상의 불이익이 생겨날 것으로 예상될 때 고양이 부적은 양수(讓受)자를 곧 나타나게 하는 효력을 지니고 있다고 알려져 있다.

부동산 매매 촉진 부적으로 알려져 있는 고양이 부적은 중

앙에 쥐 잡는 고양이가 그려지기도 하며, 이 고양이는 쥐를 노려보고 앉아서 쥐를 노리는 모습이다.

또한, 잡아먹지 않을 테이니 쥐들에게 부동산이 잘 팔리도록 죽을 힘을 다하라는 의미도 내포하고 있다.

○ 고양이 가죽

질기고 부드러운 고양이 가죽이 현악기 제조에 사용됨에 따라 일본에서는 지난 1960년대 우리나라로부터 고양이 가죽 5백매를 수입해 가기도 했다.

당시 매당 가격은 1달러 40센트였다.

일본에서는 목제상자에 가죽을 씌운 몸통에 세 가닥 줄을 부착시킨 전통악기인 사미센(三味線) 제작에 고양이 가죽을 이용했기 때문이다.

사미센은 일본의 현악기로 원래는 뱀가죽으로 제작했지만 일본 본토(本土)에는 큰 뱀이 없어 뱀가죽 대신 고양이 가죽으로 대체한 것이다.

일본에서는 이에 따라 야생 고양이 등의 포획이 성행했고, 우리나라 고양이 가죽을 수입한 바 있다. 사미센 악기에 쓰이는 고양이 가죽은 배 가죽 부분이다.

○ 고양이 요리

고양이 고기는 동아시아, 동남아시아, 남미, 아프리카의 일부 지역에서 요리로 이용되고 있다.

고양이 요리는 스페인 향토음식으로 이용된 기록이 있고, 스위스에서도 소비되고 있는 것으로 알려져 있다.

특히, 중국과 동남아시아 지역에서는 고양이 고기가 별미로 손꼽히며, 중국 광동지방에서는 고양이와 뱀을 넣고 요리한 용호탕(龍虎湯)이 보양식으로 각광받고 있다.

베트남에서는 고양이 요리 식당을 폐쇄시킨 일도 있었다. 베트남에서 고양이 고기 요리점이 늘어나면서 고양이가 급감, 쥐가 크게 늘어나 곡물 재고량이 크게 줄었기 때문이었다.

태국에서는 고기와 가죽을 얻기 위해 고양이를 포획하는 등 고양이가 인기를 얻기도 했다.

고양이 요리는 기관지 질병의 치료용으로 알려져 남미 페루와 일본 오끼나와 등지에서 이용되며 고양이 고기는 토끼고기 맛과 비슷하지만 단맛과 새콤함을 지닌 것이 특징이다.

○ 고양이와 사람의 연령비교

생후 3개월 된 고양이는 9~12개월 된 어린이와 맞먹고, 4개월 된 고양이는 3~4살짜리 어린이에 해당된다.

6개월 된 고양이는 12세, 1년생은 사람의 15세와 맞먹는다.

2년생 고양이는 사람으로 치면 24세에 해당되며, 이 후 고양이 연령에 해마다 사람 나이에 4년씩 더해주면 된다.

예컨대 3년생 고양이는 사람나이로 28세, 4년생은 32세, 5년생은 36세과 버금간다는 계산이다.

이에 따라 16년생 고양이는 사람으로 치면 80세에 해당되지만 17년생은 83세, 18년생은 86세로 계산된다.

새끼 고양이는 통상 8~12주 만에 어미 곁을 떠나게 되지만 때로는 6개월간이나 어미 곁에서 보살핌을 받는 경우도 있다.

첫 발정은 생후 6개월쯤 시작되지만 통상 1년이 되어야 번식하게 된다.

■ 고양이와 사람의 연령 대비 표

고양이	사람
3개월령	4개월령
6개월령	1년생
2년생	3년생
4년생	5년생
6년생	7년생
8년생	9년생
10년생	11년생
12년생	13년생
14년생	15년생
16년생	17년생
18년생	9~12개월
3~4세	12세
15세	24세
28세	32세
36세	40세
44세	48세
52세	56세
60세	64세
68세	72세
76세	80세
83세	86세

제 3 장
고농서의 사육비법

- 고양이 가져 오는 길일(吉日)
- 고양이 상(相) 보는 법
- 병귀(病鬼) 물리치는 묘두와
- 고양이 운반법
- 고양이 치료법

고양이 백과

고양이는 어릴 때 젖 뗀 새끼를
가져다 기르는 것이 불문율(不文律)로,
어미 고양이를 가져오면 다시 옛집으로 돌아가는
습성 때문에 새로 길들이기는 쉽지 않았다.

제2장
고농서의 사육비법

○ 고양이 가져 오는 길일(吉日)

『증보산림경제(增補山林經濟)』에는 고양이 가져오는 길일(吉日)이 갑자(甲子), 을축(乙丑), 병진(丙辰), 병오(丙午), 임오(壬午), 경오(庚午), 경자(更子), 임자(壬子) 일(日)이라고 했다.

고양이는 어릴 때 젖 뗀 새끼를 가져다 기르는 것이 불문율(不文律)로, 어미 고양이를 가져오면 다시 옛집으로 돌아가는 습성 때문에 새로 길들이기는 쉽지 않았다.

○ 고양이 상(相) 보는 법

고양이의 상(相)보는 법도 있었다.

고양이 새끼는 몸체가 짧고 꼬리가 길며 얼굴이 짧아야 한다고 했다.

「身短尾長面短(신단미장면단)」

눈은 금은(金銀) 같은 것이 좋고, 소리에는 위엄이 있어 포효(咆哮)하는 것 같아야 쥐들이 숨는다는 것이었다.

「眼如金銀聲雄者良(안여금은성웅자량)」

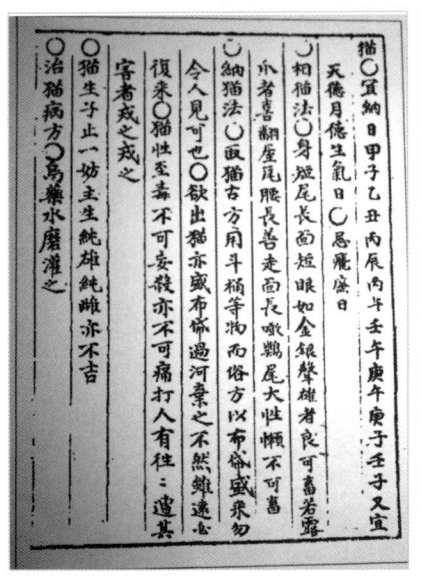 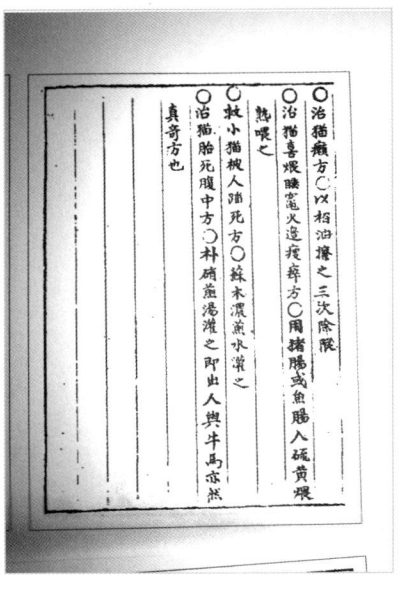

▲『증보산림경제』의 고양이 기르기

허리가 긴 고양이는 나다니는 것을 좋아해 집에서 달아나기 쉽고, 얼굴이 긴 고양이는 닭을 잡아먹고, 꼬리가 크면 천성이

게으르다고 했다.

이밖에도 고양이가 발톱을 드러내면 지붕 위의 기와 뒤집기를 좋아한다고 했다.

○ 병귀(病鬼) 물리치는 묘두와

선조들은 처마 끝 막새기와 중 수키와를 고양이 머리 기와인 묘두와(猫頭瓦)를 올렸는데 이는 고양이가 병귀(病鬼)를 물리쳐 주는 것으로 믿었기 때문이었다.

고양이는 털색이 순백색이거나 순흑색, 순황색은 선택에서 제외됐고, 털에 무늬가 있는 고양이 중에서는 몸 위나 네발과 꼬리에 무늬가 많은 것이 좋다고 했다.

○ 고양이 운반법

고양이 운반법도 자세하게 수록되어 있다.

고양이 운반법으로는 말(斗)이나 통(桶)에 담아 오거나 헝겊 주머니 속에 넣어 운반했다.

고양이를 내다 버릴 때는 헝겊 주머니 속에 넣어 강(江)을 건너가 버리는 것이 상식이었다. 이는 고양이가 헤엄을 잘 치지 못하기 때문이며, 강을 건너지 않고 아무리 먼 곳에 가져다 놓아도 고양이는 제 집을 다시 찾아오게 된다는 경험의 산물이었다.

○ 고양이 치료법

고양이 치료법도 있었다.

고양이가 아궁이 불 주변에서 불을 쬐며 잠자기만 좋아해서 앙상하게 야윌 때는 돼지 창자나 들고기 창자에 유황을 넣은 뒤 구워 익혀 먹이도록 했다.

고양이 병을 치료하는 데는 말린 천태(天台), 오약(烏藥)의 뿌리를 갈아서 물과 함께 먹이도록 했다.

▲ 측백나무

▲ 측백나무 열매

고양이가 옴에 걸렸을 때는 측백나무 잎과 열매에서 추출한 백유(柏油)로 문질러 주는데 세 번 정도면 충분하다고 했다.

사람이 잘못해서 고양이 새끼를 밟아 죽으려 하면 콩과에 속하는 상록교목(常綠喬木)인 소목(蘇木)을 진하게 달인 물을 먹이고, 고양이 태아가 뱃속에서 죽으려 할 때는 초석(硝石, 질산칼륨)을 한번 구워 만든 박초(朴硝) 달인 물을 먹이면 되는데 불가사의(不可思議)한 효능이 있는 처방이라고 수록하고 있다.

제 4 장
속신과 속설, 속담

- 속신과 속설
- 속담

고양이 백과

민간요법으로 고양이를 고아 먹는 속신(俗信)이 있어 왔고 고양이는 특효제로 알려지기도 했었다.

제4장
속신과 속설, 속담

○ 속신과 속설

고양이는 넘어지거나 높은 곳에서 뛰어 내릴 때도 발을 땅에 대고 착지(着地)할 수 있는 유연성을 자랑한다.

이 때문에 고양이는 민간요법(民間療法)으로 식은땀이 나고 얼굴이 붉어지며 임파선(淋巴腺) 순환에 이상이 생겨 몸에 구슬 같은 멍울이 생기거나 관절(關節)에 통증이 생기는 임파선암(淋巴腺癌)인 일명 「쥐 마담」의 특효제로 알려져 왔었다.

따라서 민간요법으로 고양이를 고아 먹는 속신(俗信)이 있어 왔고 고양이는 특효제로 알려지기도 했었다.

또한, 경련을 일으키고 의식장애를 유발하는 발작증상이 뒤풀이되는 민간의학 간질치료제로 고양이 태(胎)를 구워 먹거나,

고양이 고기를 먹기도 했다.

고양이 고기는 정력제로도 알려져 고양이를 부대 속에 넣은 뒤 물속에 처넣어 익사시킨 후 손으로 고기를 뜯어 요리해 왔는데 이는 고양이를 때려잡거나 칼로 살을 도려내면 맛도 없어지고, 약효도 떨어진다고 믿어왔기 때문이었다.

민간에서는 고양이의 태반(胎盤)을 묘포의(猫胞衣)라고 해서 정력제나 소화기 장애 등에 이용하기도 했다.

그러나 민간요법은 의학이 발달되지 못하고 의료혜택을 받지 못하던 시절 소박한 경험에서 비롯된 것으로 과학적, 의학적으로 입증되지 못한 것은 주지의 사실이다.

속신 중에는 쥐에 물렸을 때 고양이털을 태운 뒤 가루로 내어 하루 세 차례 이틀간 쥐에 물린 곳에 붙이면 낫는다고 믿어오기도 했다.

또한, 고양이 오줌은 귀에 고름이 생겼을 때 민간요법(民間療法)으로 쓰이기도 했고, 팔·다리에 쥐가 났을 때는 「야옹야옹」 고양이 소리를 내면 쥐가 없어지는 것으로 알아왔는데 일종의 주술법(呪術法)인 셈이다.

이밖에도 고양이 가죽이 팔 아플 때 이로운 것으로 알아 조선시대 영조(英祖, 재위, 1724~ 1776) 임금에게 이를 권했다는 영조실록(英祖實錄) 기록도 남아 있다.

「猫皮利於臂痛(묘피이어비통)」

고양이 가죽이 팔 아픈데 좋다는 내용이다.

고양이를 죽이면 고양이가 원수를 갚는다는 속신도 있었다. 이는 고양이가 요물(妖物)이라는 생각에서 비롯된 것이며, 고양이를 죽이게 되면 액운(厄運)이 들어오는 것으로 안 것도 고양이가 영물(靈物)이라는 관념 때문에 생겨난 속신(俗信)이다.

▲ 영조실록. 영조 13년 5월 24일자 기록. 부제조 유엄이 고양이 가죽이 팔이 아픈 통증에 좋다며 권했지만 영조임금이 이 청을 불허했다는 내용이 기록돼 있다.〈사진 출처 : 조선왕조실록〉

개화기 시절 몸의 통증과 함께 고열과 전신에 발진(發疹)이 생기는 전염병인 성홍열(猩紅熱)이 성행했을 때 우리나라 사람이 일본인의 고양이를 죽이게 되면 일본인을 저주하는 것이 된다고 알려져 많은 사람들이 일본인의 고양이를 훔쳐다가 질그릇 항아리 속에 묻어 버린 것도 이와 같은 맥락이다.

고양이는 죽은 사람의 영혼을 괴롭히는 것으로 알아 장례(葬禮) 시에는 절대로 관(棺)을 뛰어 넘지 못하도록 고양이의 접근을 엄중히 막아왔다.

이에 따라 상가(喪家)에서는 굴뚝이나 아궁이를 막아 고양이가 들어오지 못하도록 하기도 했다. 고양이는 영물로 여겨져 주술(呪術)을 외우고 저주(詛呪)할 때 고양이를 이용하기도 했다.

도둑을 찾거나 보복할 때 주술의 매개체(媒介體)가 고양이었던 것이다.

절(寺)에서 얻어 온 기름을 고양이에게 바르고 산채로 태우게 되면 범인(犯人)이 불구(不具)가 된다거나 고양이를 항아리에 넣어 불로 달구면서 주문(呪文)을 외우다가 항아리 뚜껑을 열어주면 고양이가 범인의 집으로 달려가다가 죽게 되므로 범인을 찾을 수 있다고도 믿어왔다.

또한, 고양이에 불을 붙이게 되면 원한 맺힌 사람의 집으로 뛰어 들어가 화재를 일으킨다는 속신도 있어왔다.

이밖에도 도둑 고양이를 잡아 솥에 넣고 쪄서 죽이게 되면 범인도 뒤따라 죽는다거나 고양이의 사지(四肢)나 오장육부(五臟六腑)를 땅 속에 묻고 원한 맺힌 사람을 저주하면 그 사람도 다리나 오장육부에 병이 생기게 된다는 속신도 있었다.

고양이를 삶게 되면 도둑의 몸도 뒤틀리게 된다거나 고양이를 시루에 넣어 찌면 고양이의 비트는 모양에 따라 도둑의 몸도 비틀어지는 것으로 알아왔다.

고양이에 대한 속신으로 자신의 부인까지 죽인 일도 있었다.

동아일보 1925년 12월 1일자에는 간도(間島)에 사는 이춘근(李春根)이라는 사람이 부인 주성녀(朱姓女)를 살해한 사건이 있었다.

이씨는 어느 날 베갯속에 무언가 들어 있음을 감지하고 베갯속을 살펴보니 고양이 뼈가 나왔고, 부인에게 네가 나를 죽이려는 뜻에서 이 같은 흉물(凶物)을 넣지 않았냐고 다그치게 되었다. 부인은 자신이 어려서부터 두통이 있어 왔는데 누구 말을 들은즉 이렇게 하면 병을 고칠 수 있다고 답변했지만 남편은 화를 참지 못하고 부인을 때려 죽게 했다는 것이었다.

고양이는 범인을 찾아내고 범인에게 보복하게 하는 주술(呪術) 매개체로 널리 이용됐다.

실제로 경성일보 1931년 1월 24일자 기사에는 1930년 12월

말 경기도 강화군 선원면 신정리라는 마을에서 두 사람이 안절부절 못하고 있었다고 한다.

이유인즉 김덕봉이라는 사람의 안방에 같은 마을 류(柳)씨 할머니가 몰래 들어가 장롱 속에 있던 5원을 훔쳤다는 것이다.

김씨의 부인은 범인을 찾기 위해 들고양이 한 마리를 잡아 방에 가두어 넣은 뒤 계속 불을 때서 고양이가 쪄 죽기를 기다렸고, 이 이야기를 들은 류씨 할머니는 그 들고양이가 죽게 되면 자신도 함께 죽는 줄 알았던 것이다.

이에 류씨 할머니는 도둑질이 들통 날 것으로 짐작한 뒤 어떻게 해서라도 김씨의 방안에 갇혀 있는 고양이가 쪄 죽기 전에 없애 버려야겠다고 밤잠을 설쳤지만 방안에 갇혀 있는 고양이를 끌어 낼 도리가 없었다.

결국 류씨 할머니는 야밤에 김씨네 초가지붕에 불을 질러 초가 한 채와 고양이를 태워 버린 것이었다.

이에 따라 류씨 할머니는 결국 절도 및 방화죄로 징역 3년을 구형받게 됐다.

이 같은 속신들은 고양이가 영물이라는 생각에서 비롯된 것이다.

오랜 경험상 고양이의 행동으로 날씨를 미리 알아보기도 했다. 고양이는 날씨가 무덥고 저기압이면 앞발로 얼굴을 문지르기 때문에 곧 비가 내릴 것으로 믿어 온 것이다. 이는 저기압일 때 촉각인 고양이 수염이 서지 않고 주저앉는 것과 무관치 않다.

또한, 고양이가 풀을 먹으면 큰 비가 내릴 것으로 알아왔다.

고양이가 주인에게 충성심과 복종심을 보이는 개와 달리 은혜를 모르는 동물로 여겨진 것은 기르던 집에서 살다가 어느 날 홀연히 집을 나가 버리는 무정하고 야속한 고양이의 습성과도 무관치 않다.

고양이 눈(目)은 낮과 밤에 따라 그 형태가 달라지는 변형성을 지닌 것이 특징이다.

고양이의 눈은 빛에 대해 극도로 민감해 빛에 따라 조리개 형태가 달라진다. 빛이 적은 밤에는 달(月)처럼 둥글고 커지지만 낮에는 가늘어 진다. 고양이 눈은 타 동물보다 변형성을 지녔기에 고양이 눈을 그려 넣은 묘안연(猫眼鳶)까지 등장하기도 했다.

『동국세시기(東國歲時記)』에는 정월 보름 연(鳶)과 함께 액(厄)을 멀리 날려 보낸다는 의미로 연을 띄우다가 해질 무렵 연이 날아가도록 연줄을 끊어 버리는데 이때 고양이 눈을 그려 넣은 연이 묘안연이다.

보석(寶石) 중에는 묘안석(猫眼石)이란 것이 있다.

등불에 비춰보면 고양이 눈빛처럼 한 가닥 빛이 아래위로 움직이는 것으로 고양이 눈은 예로부터 예사로운 것이 아니었다.

▲ 묘안석

선조들은 태양과 낮을 양(陽)으로, 달과 밤을 음(陰)으로 알았고, 여자는 월경(月經)을 하기에 달(月)에 속한다. 고양이는 음성(陰性)에 해당하며 고양이는 야행성이어서 더더욱 그랬다.

예로부터 남자는 양(陽)이요, 여자는 음(陰)이어서 고양이는 곧잘 여성을 상징하는 대명사로 비유되어 왔다.

앙칼지고 음험한 고양이의 기질과 부드럽고 달콤한 고양이의 울음소리도 음(陰)으로 여기기에 충분했던 것이다. 달콤한 고양이 소리 같은 여자의 목소리를 묘무성(猫撫聲)이라 칭하는 것도 이 때문이다. 특히, 발정(發情)난 암고양이는 특유의 목소리로 괴성을 지르는데 바람난 여자를 암고양이로 비유하고 암고양이는 어김없이 수고양이를 유인하기에 이른다.

조선시대에는 전염병인 콜레라가 만연하면 대문에 고양이 그림을 붙여 놓기도 했다.

콜레라와 경련이 쥐가 물어서 생긴 것으로 알았기에 쥐가 무서워하는 것은 오직 고양이 뿐이라는 적대적 발상에서 비롯된 것으로 프랑스 여행가 샤를바라(Charles Varat, 1842~1893)가 1883~1889년 조선을 다녀간 후 쓴 『조선기행』에도 기록돼 있다.

『증보산림경제(增補山林經濟)』 등에는 집에서 기르는 고양이가 새끼를 한 마리만 낳게 되면 주인에게 해(害)를 끼친다 했고, 고양이 새끼 모두가 수컷이거나 모두 암컷만 낳은 경우에도 길하지 않다고 했다.

또한, 고양이는 몹시 독한 습성을 지녀 무턱대고 죽여서는 안 되고 심하게 때려서도 안 된다고 했다.

따라서 이유 없이 고양이를 죽이거나 때리면 사람이 종종 해를 입는 경우가 있으니 삼가 조심하라고 경고하고 있기도 하다.

집을 나설 때 고양이를 보게 되면 흉(凶)하다고 알아왔고, 고양이가 차(車)에 치이면 흉일(凶日)이라고 믿어왔다.

○ 속담

고양이와 관련된 속담(俗談)은 고양이의 습성이나 특성에서 연유한 것이 많다.

「고양이 앞의 쥐」「고양이 만난 쥐」「고양이 쥐를 마다하겠다」「고양이 쥐 생각하듯 하다」「고양이 쥐 놀리듯 하다」「고양이 쥐 잡 듯하다」「고양이 앞에 쥐걸음」 등은 쥐의 천적인 고양이와의 관계에서 비롯된 속담들이다.

고양이는 예로부터 믿음성이 없는 동물로 인식돼 이와 관련된 속담도 즐비하다.

「고양이에게 생선가게 지키라는 격이다」「고양이에게 생선 맡긴 격이다」 등은 믿지 못할 사람에게 재물(財物)을 맡긴 것처럼 불안하다는 속담이다.

「고양이 앞에 고기반찬」은 자기가 워낙 좋아하는 것이라 다른 사람이 손댈 겨를도 없이 후딱 차지해 버림을 이르는 속담이다.

고양이는 예로부터 요물, 영물 등으로 여겨져 「고양이를 죽이면 고양이가 원수 갚는다」「고양이가 관(棺)을 넘어가면 송장이 일어난다」 등의 이야기도 생겨났다.

「고양이와 개 사이다」「고양이 개 보듯」 등은 서로 사이가 좋지 않은 앙숙을 뜻하며, 「고양이 달걀 굴리듯」은 어떤 일을 재치 있게 해 나가는 것을 이르는 것으로 고양이는 양쪽 앞발을 민첩하게 잘 쓰기 때문이다.

「고양이 새끼 길러 놓으면 앙갚음 한다」 등은 길러 준 주인의 정(情)을 모르고 사람들과 친숙하지 않기 때문이며, 「앙칼 맞기는 고양이 새끼다」는 성격이 앙칼진 사람을 비유하는 속담이다.

「고양이 목에 방울달기」는 실행하기 어려운 일을 공연히 의논할 때를 말하고, 「고양이 낯짝만 하다」와 「고양이 이마빼기만 하다」는 식견이나 생각이 매우 좁음을 비유하는 말이다.

겉으로 발라 맞추는 말은 「고양이 소리」라 칭하고, 「고양이 소(素)」는 욕심꾸러기가 청백(淸白)한 척하거나 나쁜 사람이 착한 척 할 때 이르는 말이기도 하다.

「고양이 세수하듯」은 하나마나 함을 이르고, 「고양이 우산 쓴 격」은 격에 맞지 않는 꼴불견을 비유적으로 이를 때 쓰인다.

「고양이 손도 빌린다」는 바쁜 농사철을 일컫고, 「고양이 죽은 뒤 쥐 눈물」은 고양이가 죽었다고 쥐가 눈물을 흘릴 리

없다는 것으로 가당치 않거나 아주 적음을 이르는 속담이다.

「고양이 눈 못 속인다」는 속담은 정사(情事)는 언젠가는 밖으로 알려진다는 것으로 고양이는 규방(閨房)의 비밀이나 정사를 다 보고 있다는 데서 유래한 것이다.

「음력 유월 보름이면 고양이 코도 따뜻하다」는 고양이가 코를 사타구니 사이에 넣어 추위를 이겨 내지만 이때는 날씨가 덥다는 속담이다.

「쉰밥 고양이 주기 아깝다」는 내가 먹자니 배부르고 남 주자니 아깝다는 속담이다.

제 5 장
풍수지리와 고양이

- 남벌마을 지킴이 고양이
- 묘두(猫頭), 묘도(猫島)
- 쥐 바위와 괭이바위
- 묘산(猫山)
- 괭이바위

고양이 백과

풍수지리상 고양이와 쥐 형태는
불가분의 관계를 지니고 있다.

제5장
풍수지리와 고양이

○ 남벌마을 지킴이 고양이

풍수지리상 고양이와 쥐 형태는 불가분의 관계를 지니고 있다.

한국학중앙연구원 『한국향토문화전자대전』에 따르면 충남 천안시에는 「남벌마을 지킴이 고양이 바위」가 있다.

천안시 목천읍에 노적가리 형상의 흑성산이 있는데 아래 남벌마을 입구에 고양이 바위 이야기가 전해지고 있다.

노적가리로 쌓아놓은 곡식을 주변 산들이 쥐처럼 몰려드는 형국이지만 고양이 바위가 있어 쥐들이 달려들지 못한다는 것이다.

○ 묘두(猫頭), 묘도(猫島)

▲ 전남 여수시 묘도 지도(사진제공 : 여수시청)

전남 여수시 남면 화태도 끝에 고양이 머리처럼 생긴 묘두(猫頭)가 있고, 여수시 묘도동 묘도(猫島)는 섬의 일부가 마치 고양이처럼 생긴 「괴섬」이고, 그 옆에 쥐 섬(鼠島)도 있어 「묘도」는 마치 고양이가 쥐를 잡으려는 형국이라는 것이다.

묘도에는 쥐를 의미하는 「서(鼠)」자와 음(音)이 같은 서(徐)씨가 살 수 없다는 풍수전설도 전해지고 있다.

○ 쥐 바위와 괭이바위

충남 서산시 운산면 용현리에도 고양이 형국과 쥐 형국에 관련해서 전해지는 이야기가 있다.

이곳은 쥐 바위와 괭이바위 사이에 개울이 있어서 두 지역이 모두 안정적이었다고 한다.

풍수상 쥐 형국과 고양이 형국 사이에 개울이 가로막고 있었기 때문이었는데 마애불(磨崖佛)이 있는 골방사(骨防寺)를 찾는 사람들이 많아지면서 개울에 돌다리를 놓게 되었다고 한다.

돌다리가 세워지자 이 일대 사찰이 대부분 쇠퇴해졌다고 한다. 이는 개울에 다리를 놓았기에 고양이가 다리를 건너와 쥐를 잡아먹었기 때문이라는 것이었다.

경남 산청군 삼장면에 자리 잡은 내원사(內院寺)는 풍수(風水)와 관련된 설화(說話)가 전해진다.

이 절터는 풍수상 명당자리여서 전국에서 찾아오는 방문객으로 큰 혼잡을 이루게 되어 수도(修道)하는데 많은 지장을 주었다고 한다.

주지 스님이 이를 걱정하고 있는데 어느 노승이 「남쪽 산봉우리 밑까지 길을 내고 앞으로 흐르는 개울에 다리를 놓으면 해결될 것이다」라는 말을 남기고 사라졌다.

다음날부터 스님들이 총동원되어 개울에 통나무로 다리를 놓고 산봉우리 밑까지 길을 낸 다음 쉬고 있는데 고양이 울음소리가 세 번 들려왔다.

이상하게 생각한 사람들은 무슨 징조인지 궁금했다.

풍수설(風水說)에 따르면 앞에 있는 봉우리는 고양이 혈(穴)이고, 절 뒤에 있는 봉우리는 쥐의 혈인데 여기에 길을 내고 다리를 놓으니 고양이가 쥐를 잡아먹게 됐다는 것이었다.

이후 그렇게 많이 찾아오던 사람들이 점차 줄어들어 스님들은 조용히 수도에 정진할 수 있었다고 한다.

이처럼 고양이는 쥐의 천적(天敵)이어서 풍수지리적(風水地理的)으로 깊은 연관성을 지니고 있음이다.

○ 묘산(猫山)

전남 곡성의 진산(鎭山)은 봉(鳳)이 날아가는 형상이며, 봉이 날아가 버리면 곡성은 쇠퇴해진다고 믿어 봉이 날아가지 못하도록 봉이 싫어하는 묘산(猫山)이라는 명칭도 붙여졌다.

○ 괭이바위

황해도 신천군 온천면과 가연면 사이에는 두 개의 바위가 있어서 마치 고양이 귀 모양처럼 생긴 괭이바위(猫岩)가 있었다. 어느 날 고양이 귀 바위 하나를 새말 논 가운데로 옮기고 또 다른 바위는 바리메 뒷산으로 옮겼는데 바리메 마을 쥐들이 고양이 귀 바위 때문에 새말로 오지 못하게 되었다고 한다.

이에 따라 새말 사람들은 점점 부자가 되었지만 바리메 사람들은 가난하게 되었다.

이 같은 사실을 알게 된 바리메 어떤 사람이 새말 사람들에게 너희 마을 앞에 있는 바위를 치워 버리면 더 큰 부자가 된다고 했으므로 새말 사람들은 논 가운데 바위를 치워 버리고 말았다. 이후 고양이 귀 바위를 치워버린 새말 사람들은 다시 가난해졌다는 것이다.

고양이처럼 생긴 고양이 바위는 대전광역시 유성구 덕명동 노루젱이 마을 중턱에 자리 잡고 있어 「괴바위」「괭이바위」「괭이바우」로 불리고 송정동과 방동 경계에도 「묘암(猫岩)」이 있다.

고양이를 닮은 바위가 있는 묘암은 전북 무주군 부풍면 철목리와 전남 보성군 겸백면 남양리 등지에 있어 붙여진 바위 이름이다.

전남 진도군 조도면 나배도리에 있는 섬(島)모양이 고양이를 닮았다고 해서 고양이의 사투리인 「나비섬」「나부섬」「나부도」 등으로 불리다가 1914년부터 「나배도」로 불린다.

강원도 강릉시 송정동에는 산 모양의 고양이처럼 생긴 「괴봉산」이 있다.

「괴」는 고양이의 강릉 사투리로 「괘방산」이 괴봉산으로 불린 것이다.

제6장
고양이의 상징성

- 장수의 상징, 고양이 그림
- 고양이 석상
- 복(福)을 부르는 고양이, 마네키네코
- 고양이 박물관
- 기념주화와 우표
- 고양이 생두 배설물 「코피 루왁」
- 전쟁의 영웅, 고양이
- 목묘(木猫)
- 고양이와 개박하, 개다래
- 백합 중독증

고양이 백과

예로부터 중국에서는 70세를 모(耄)라고 하는데
고양이 묘(猫)와 같은 음(音)이어서
고양이는 장수를 의미하고 있다.

제6장
고양이의 상징성

○ 장수의 상징 고양이 그림(猫畵)

고양이 그림은 장수(長壽)를 상징한다.

예로부터 중국에서는 70세를 모(耄)라고 하는데 고양이 묘(猫)와 같은 음(音)이어서 고양이는 장수를 의미하고 있다.

『조선후기 고양이 그림에 관한 연구』에 따르면 변상벽(卞相璧, 생몰연대 미상)은 특히, 고양이 그림을 잘 그려 「변고양(卞猫)」 또는 「변고양(卞古羊)」이라는 별명이 붙었다.

널리 알려진 「묘작도(猫雀圖)」는 두 마리의 고양이와 함께 고목(古木) 위에 참새가 등장한다.

참새는 한자로 작(雀)이며 벼슬을 뜻하는 작위 작(爵)자를 연계시켜 오래오래 살면서 높은 벼슬에 오르라는 염원을 담고

83

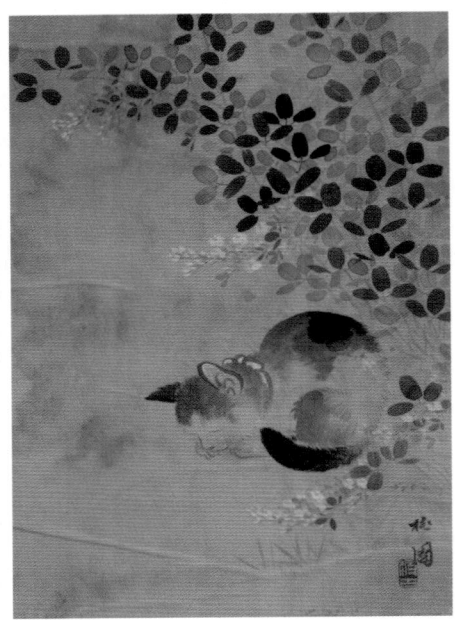

▲ 고양이 그림(猫畵)

있다.

또한, 「국정추묘도(菊庭秋猫圖)」는 들국화와 잡초 앞에 웅크리고 앉아 무언가 응시하고 있는 고양이로 꼬리를 잡고 웅크리고 있어 고양이의 생태를 사실적으로 묘사하고 있다.

김홍도(金弘道, 1745~1806)의 「황묘농접도(黃猫弄蝶圖)」는 노란 고양이가 위쪽의 날아가는 나비를 쳐다보는 그림으로 고양이는 나비인 고양이와 나비접(蝶)자는 우리 음(音)이 같다.

묘(猫)는 모(耄)와 중국 발음 마오(mao)로 동음(同音)이어서 장수를 의미, 고양이와 나비는 장수(長壽)를 염원하고 있다.

신윤복(申潤福, 1758~?)의 「묘견도(猫犬圖)」는 고양이와 개가 서로 바라보는 그림으로 개와 고양이가 만나면 싸우는 생태적 관계를 묘사하고 있다.

고양이와 대나무가 함께 그려지는 그림은 장수를 기원하는 의미를 담고 있다.

고양이가 장수를 의미하고 대나무 죽(竹)은 중국 발음이 축(祝)과 같은 주(zhu)이기 때문이다.

○ 고양이 석상(石像)

강원도 오대산 상원사(上院寺) 문수전(文殊殿) 계단 아래에는 한 쌍의 고양이 석상이 있다.

이 고양이 석상에는 조선 세조(世祖, 재위 1455~1468)와 관련된 일화가 전해진다.

세조가 어느 날 상원사를 찾아 법당(法堂)으로 들어서려 할 때 고양이가 나타나 옷자락을 물고 법당 안으로 들어가지 못하게 했는데 알고 보니 법당 안에는 자객(刺客)이 숨어 있었다는 것이다.

▲ 강원도 오대산 상원사 문수전 앞에 있는 고양이 석상

　고양이 때문에 목숨을 건지게 된 세조는 사찰(寺刹)에 고양이에게 고마움을 전하는 고양이 논과 밭인 묘답(猫畓)과 묘전(猫田)을 하사했고, 상원사 고양이 석상은 이를 기리기 위해 세운 것으로 전해지고 있다.

○ 복(福)을 부르는 고양이, 마네키네코(招ぎ猫)

　앞발로 사람을 부르는 듯한 모습의 도자기 모양 장식품이다.

커다란 눈과 동글동글한 얼굴, 귀염둥이 마네키네코는 앞발을 높이 들고 누군가를 부르는 듯한 자세이다.

앞발을 들어 올린 자세는 고양이가 얼굴을 씻고 손님을 맞이한다는 속설이 함께 하고 있다.

▲ 도자기 모양 장식품 마네키네코 (招ぎ猫)

오른쪽 앞발을 들고 있는 고양이는 돈을 부르고, 왼쪽 앞발을 들어 올린 고양이는 손님을 부른다는 것이다.

때로는 양발을 들고 서 있는 것도 있다.

도자기 색상은 주로 흰색, 검은색, 갈색의 삼색 고양이이지만 다양한 색상도 있다.

▲ 오른쪽 앞발을 들고 있는 고양이는 돈을 부른다고 믿고 있다.

일본에서 마네키네코는 사업번창과 가내(家內) 안녕을 기원한다.

○ 고양이 박물관

말레이시아 보르네오 섬 쿠칭에는 도심 곳곳에 고양이 동상이 세워져 있고, 거리에는 고양이들이 활보하고 있다.

쿠칭이란 이곳 원주민 말로 고양이라는 의미를 지니고 있다.

쿠칭에는 대형 고양이 박물관을 비롯해 테마 조각 등이 세워져 있다.

고양이 박물관(Cat Museum)은 1988년 개관한 세계 최초 고

▲ 쿠칭 고양이 박물관(Cat Museum)

양이 박물관으로 알려져 있고, 2천여 점의 고양이 관련 수집품이 전시돼 있다.

○ 기념주화와 우표

영국 자치령 맨섬(lsle of man)은 꼬리가 짧은 맹크스 고양이(Manx Cat)의 원산지로 알려져 있고, 이 고양이를 기념키 위한 기념주화가 1988년부터 제작·발매되고 있다.

매년 다른 고양이 그림이 새겨지는 이 기념주화 뒷면에는 영국 엘리자베스 2세 여왕의 초상이 새겨져 있다.

유럽 북동부 라트비아(Latvia)에서도 다섯 마리의 고양이가 그려진 고양이 주화를 발행했고 다섯 고양이가 등장하는 아이

▲ 맨섬(Isle of man) 고양이 기념주화

디어에서 착안된 것이다.

기념주화뿐만 아니라 고양이 기념우표도 다양하게 발행되고 있다.

우표는 분류방법에 따라 기능별, 시대적으로 대별된다.

우표에 고양이가 등장하는 것은 특수우표에 속하며, 그 나라의 고양이를 국내·외 많은 사람들에게 널리 알리기 위해 발행하는 특수우표 범주에 속하고 있다.

우표는 크기가 작지만 아름다운 예술품이어서 수집품으로 인기를 누리고 있다.

○ 고양이의 생두 배설물로 만드는 「코피 루악」

인도네시아, 자바, 수마트라 섬 등지에서는 시벳(Civet)이라 불리는 사향 고양이가 먹고 배설한 커피, 「코피 루악(Kopi Luwak)」이 그 희귀성 때문에 고가(高價)로 거래되고 있다.

커피를 만들려면 커피 열매의 껍질을 벗겨야만 하는 번거로움이 뒤따르는데 사향 고양이는 완전히 성숙한 커피 열매만 먹고 겉껍질과 내용물은 소화 시키는 반면, 딱딱한 씨는 그대로 배설하게 된다.

「코피 루악」이 독특한 향과 맛을 지니는 것은 체내 효소분해 과정에서 발효되고 아미노산이 분해되면서 생두(生豆)의 색은 더욱 짙어지고 단단해지며 쓴맛이 첨가되기 때문이다.

고양이의 배설물 속에 포함된 커피 씨는 여러 번의 세척과정을 거쳐 특별한 커피로 제조된다.

사향 고양이는 아시아, 인도네시아, 인도, 아프리카, 남부 유럽이 원산지이다.

세계인들의 기호식품으로 각광받고 있는 커피는 커피열매를 먹고 흥분하는 양(羊)들이 목동(牧童)들에 의해 목격되면서 알려지게 됐다.

▲ 사향고양이가 배설한 커피 씨앗(사진출처 : wikipedia)

커피의 카페인은 알칼로이드 성분의 하나로 중추신경계와 교감신경계를 자극하는 일종의 신경자극제이다.

○ 전쟁의 영웅, 고양이

- 전설적인 고양이 영웅 「톰(Tom)」

1853년 러시아는 지중해로의 진출을 모색하면서 오스만 제국 내 러시아 정교도들을 보호한다는 명목을 내세워 도나우강 연안공국을 점령한다.

이에 오스만 제국은 전쟁을 선포하게 되고 영국과 프랑스가 지원하는 이른바 크림(Crimean) 전쟁이 발발케 된다.

1854년 연합군은 러시아 크림반도의 항만도시 세바스토폴을 점령하기에 이른다.

이 도시를 점령한 연합군은 예상과 달리 군량미를 확보하지 못했다.

군량미의 고갈은 곧 패전을 의미한다.

연합군은 사방으로 흩어져 식량보관창고를 찾는데 혈안이 되었지만 끝내 식량을 찾지 못했다.

하루하루가 초조한 나날이었다.

병사들은 굶주림에 지치기 시작했고 전투의욕은 상실됐다.

점령군은 아사위기로 내몰리는 급박한 상황의 연속이었다.

이때 전쟁의 영웅 「톰」이 아무리 수색해도 찾아낼 수 없었던 식량창고로 연합군 병사들을 이끌었다.

연합군 병사들은 뛸 듯이 기뻐했고 굶주림에서 벗어나면서 결국 러시아를 물리칠 수 있었다.

승전 후 영국은 고양이 「톰」이 1856년 죽게 되자 그를 영구 보존하고 런던 육군박물관에 전시하는 등 전쟁의 영웅 「톰」을 기리고 있다.

- 순양함의 식량을 쥐떼로부터 지켜낸 「사이먼(Simon)」

검은 바탕에 흰무늬를 지닌 「사이먼」은 1948년 3월 홍콩 인근 어느 길가에서 우연히 발견돼 영국 함대 HMS 에머시스트(Amethyst)호에 탑승된 고양이이다.

Ship's Cat으로 불리는 함재묘는 예로부터 인류의 항해시대부터 존재, 선원들의 식재료를 축내는 쥐를 잡아먹고 돛대의 로프 등을 갉아버리거나 선창 등의 나무에 구멍을 내는 쥐를 퇴치하는 유익한 동물이었다.

특히, 선원들의 외롭고 길고도 머나먼 힘든 항해에서 무료함을 달래주는 반려동물이었다.

▲ 윈스턴 처칠이 함재묘를 쓰다듬고 있다.
(사진출처 : wikipedia))

세계열강들의 식민지 쟁탈전이 가속화되면서 순양함(巡洋艦)들은 식민지 관리와 해상무역항로 보호 등 막중한 임무가 주어졌다.

홍콩은 당시 영국의 식민지로 영국함대가 주둔해 있었다.

에머시스트호는 공산당 혁명시기 대 중국 임무를 수행했다.

세계에서 세 번째로 긴 6,300km의 양쯔강(揚子江)에서 국민당 장제스(蔣介石)가 대만으로 퇴각함에 따라 난징(南京)의 영국대사관을 보호하고 자국민들의 귀환을 돕고 있었다.

이 과정에서 어메시스트호는 포위당하는 일이 발생했다.

20여 명의 사상자를 내고 배는 심각하게 손상되기에 이른다.

「사이먼」은 이 상황에서도 식량을 축내는 쥐떼를 잡아 식량을 지키면서 부상병들의 유일한 친구로 벗이 되었다.

이 공로로 「사이먼」은 해군 이병으로 진급했고, 1949년 11월 28일 생을 마감하자 디킨 메달이 주어졌다.

「사이먼」의 시신은 군장으로 치러졌다.

○ 목묘(木猫)

배의 닻은 마치 고양이 발톱처럼 생겼다.

보이지 않는 물밑을 잘 헤집고 물밑에 잘 박혀야 배가 바닷물에 떠내려가지 않고 배가 머무를 수 있다.

선박의 닻은 고양이 발톱 같아 목묘로 불렸으나 쇠로 만들어진 닻이 쓰이기 시작하면서 목(木)자 대신 철(鐵)자로 바뀌어 철묘(鐵猫)로 자리 잡았다.

옛날의 배들은 밧줄 끝에 무거운 돌 등을 달아 이를 물속에 내려놓거나 커다란 돌에 밧줄구멍을 뚫어 사용해 왔다.

닻은 배가 다른 곳으로 떠내려가지 못하게 하는 정박용(碇泊用) 뿐만 아니라 달리는 배의 브레이크 역할을 담당하기도 한다.

배가 회전할 때도 닻을 내리기도 하며, 배가 파손되거나 암초 등에 걸려 좌초했을 때도 배를 고정시키는 도구이다.

또한, 배가 부두 등 정박할 적당한 장소에 닻을 내리기도 하며, 배를 끌어낼 때도 사용한다.

○ 고양이와 개박하, 개다래

고양잇과 동물들은 박하(薄荷)류에 속하는 허브식물인 개박하와 개다래를 좋아하는 특성이 있다.

꿀풀과에 속하는 다년생(多年生) 초본(草本)인 개박하는 전국적으로 널리 분포하고 50~100cm 크기로 자라며, 6~9월경이 개화기이다.

고양이의 행복감을 유발시켜 주는 것으로 알려진 개박하는 고양이가 좋아하는 박하라고 해서 캣 민트(Cat mint), 고양이가 잘 물어뜯는다고 해서 캣 닙(Cat nip)으로도 불린다.

개박하는 박하 향기가 강한 것이 특징으로 네페탈락톤(nepetalactone)이라는 물질을 함유하고 있다.

이 물질은 고양이를 흥분시키는 성분을 지녀 고양이 장난감인 쥐 인형 등에 개박하를 넣어주면 고양이는 장난감을 갖고 놀기도 하고 개박하가 들어 있는 장난감에 끈을 달아 가는 회초리 등을 이리저리 움직여 고양이를 운동시키거나 장난치게 하기도 한다.

이를 통해 고양이의 스트레스를 해소한다.

건조시킨 개박하는 「고양이 풀」이라는 별칭으로 수출되는 등 고양이와 불가분의 관계

▲ 개박하

를 지니고 있다.

고양이는 개다래도 좋아한다.

개다래는 다래나무과의 활엽관목으로 6~7월경 흰 꽃이 피며 개다래 잎과 줄기, 열매는 고양이가 좋아한다.

▲ 개다래

이는 개다래가 고양이를 비롯한 고양잇과 동물의 대뇌(大腦)와 폐, 심장, 혈관 등의 운동을 지배하는 연수(延髓)를 자극하거나 마비시키기 때문이다.

○ 백합 중독증

고양이가 백합과(科) 나리속 식물을 섭취케 되면 신장부전을 초래, 폐사케 되는 것으로 알려져 있다.

백합(百合)은 관상용, 장식용, 꽃꽂이용으로 널리 이용되는 식물로 땅속 비늘줄기에서 줄기가 돋아나며 5~6월경 줄기 끝에 2~3송이씩 아래쪽으로 꽃을 피운다.

한국과학기술정보연구원 동물 질병에 따르면 고양이가 백

▲ 백합

합을 섭취했을 경우 갑작스런 구토를 일으키고 점차 2~4시간 간격으로 구토를 일으키게 된다.

또한, 구토와 동시에 침울함과 식욕감퇴를 보이며, 12~14시간이 지나면 다뇨와 탈수 시 신장부전을 일으킨다.

구토는 36시간이 지난 후 다시 발생하며, 계속되는 쇠약을 동반한다.

3~4일후에는 모로 눕는 자세를 보이다가 4~7일후에는 전신적 중독으로 폐사케 된다.

따라서 고양이의 백합 중독증을 예방키 위해서는 고양이가 백합과 식물을 섭취하지 못하도록 하고, 독성을 지닌 백합과의 접촉을 방지시켜야 한다.

제 7 장
한문학 속의 고양이

- 묘상지설
- 고율시
- 의견설의 고양이
- 이묘설
- 투묘
- 이노행
- 오원전
- 오원자부
- 축묘설
- 묘설
- 묘포서설

고양이 백과

이륙(李陸, 1438~1490)은 고양이들이 질서를
지키고 가족애를 보이는 것 또한, 받아들이는
사람이 덕(德)을 갖추고 본다면
상서로운 것으로 보고 있다.

제7장
한문학 속의 고양이

○ 묘상지설(猫相舐說)

늙은 노파가 고양이를 얻어 왔는데 검은 바탕에 가슴이 흰 작묘(鵲猫)였다.

성정(性情)이 유순해 사람을 잘 따르고 동작이 날쌔어 쥐는 물론 나는 새도 잡기도 했다.

▲ 검은 바탕에 가슴이 흰 작묘(鵲猫)

기른 지 오래되니 한 해에 두 번 새끼를 낳았다.

이 중에서 어미를 닮은 새끼 고양이 두 마리를 함께 길렀다.

봄에 태어난 새끼는 크기가 어미만 해졌고, 가을에 태어난 새끼는 조금 작았다.

　세 마리의 고양이들은 같은 그릇에서 먹었는데 어미가 먹으면 새끼들은 피하고, 새끼가 먹으면 어미가 비껴주었다.

　먼저 먹은 놈은 물러가고, 아직 먹지 않은 놈은 겸손하고 양보할 줄 아는 것 같았다.

　밖으로 나가면 서로 따라 나가고, 들어오면 서로 베고 누웠다.

　나가고 들어오면 반드시 서로 핥아주며 아끼고 사랑했다.

　고양이는 인축(人畜)이라 사람에게 의지하고 먹음에도 사람을 항상 기다리지만 끝내 주인은 알지 못했다.

　그러나 서로 사랑하는 것은 금수(禽獸)에 있어서도 없어지지 않아서 새끼를 낳으면 보살펴 주며 핥아 주며, 배고프다고 생각되면 먹여준다.

　사나운 짐승이 가까이 오면 몸을 떨쳐 대들고 그 목숨을 돌보지 않는다.

　그러다가 새끼가 자라서 또다시 새끼를 배면 그 새끼 낳았음을 알지 못하고 다른 짐승 보듯이 새끼가 가까이 오면 성을 내고 반드시 멀리 피한다.

이륙(李陸, 1438~1490)은 고양이들이 질서를 지키고 가족애를 보이는 것 또한, 받아들이는 사람이 덕(德)을 갖추고 본다면 상서로운 것으로 보고 있다.
　어미 고양이와 새끼 고양이가 질서 있게 차례를 지키고 밥을 먹고, 서로 사랑하는 모습을 통해 이러한 변화는 고양이를 기르는 주인의 품성에서 연유한다고 강조하고 감화 받은 교화된 고양이 이야기를 통해 마음을 교화시키지 못하는 당시 위정자(爲政者)들의 정치 현실을 풍자하고 비판하고 있다.

○ 검은 고양이 새끼를 얻다 / 고율시(古律詩)

　세세모천청(細細毛淺靑) 보송보송 푸르스름한 털
　단단단심록(團團眼深綠) 동글동글 새파란 눈
　형감비호아(形堪比虎兒) 생김새는 범 새끼 비슷하고
　성사섭가녹(聲已慴家鹿) 우는 소리 집 사슴 겁준다.
　승이홍사영(承以紅絲纓) 붉은 실끈으로 목사리 매고
　이지황작육(餌之黃雀肉) 참새고기를 먹이로 준다.
　분조초등유(奮爪初騰踰) 처음엔 발톱 세워 화닥이더니
　요미점순복(搖尾漸馴服) 점차로 꼬리치며 따르는구나.

아석시가빈(我昔恃家貧) 내 옛날엔 살림이 가난타 하여

중년불여축(中年不汝畜) 중년까지 너를 기르지 않아

중서자횡행(衆鼠恣橫行) 쥐 떼가 제멋대로 설치면서

이문공혈옥(利吻工穴屋) 날이 선 이빨로 집을 뚫었다.

교설상중의(齩齧箱中衣) 장롱 속에 옷가지 물어뜯어

이이작단폭(離離作短幅) 너덜너덜 조각 베를 만들었구나.

백일투궤안(白日鬪几案) 대낮에 책상 위에서 싸움질하여

사아연지복(使我硯池覆) 나로 하여금 벼룻물 엎지르게도 했네.

아심질기광(我甚疾其狂) 내 그 행패가 몹시 미워

욕구장탕옥(欲具張湯獄) 장탕의 옥사를 갖추려 했지만

첩주불가착(捷走不可捉) 빨리 달아나므로 잡지는 못하고

요벽공추축(遶壁空追逐) 공연히 벽만 안고 쫓을 뿐이다.

자여재오가(自汝在吾家) 네가 내 집에 있고부터는

서배사수축(鼠輩已收縮) 쥐들이 이미 움츠러들었으니

기유원용완(豈唯垣墉完) 어찌 원장만 완전할 뿐이랴

역보승두축(亦保升斗蓄) 됫박 양식도 보전하겠다.

권이물소찬(勸爾勿素餐) 권하노니 공밥만 먹지 말고

노력섬차족(努力殲此族) 힘껏 노력하여 이 무리를 섬멸하라.

〈동국이상국전집 제10권〉

고려시대 문신이자 시인, 철학자였던 이규보(李奎報, 1168~1241)의 고율시이다.

장탕은 한(漢)나라 때 옥관(獄官)으로 그가 어렸을 때 집을 보다가 쥐에게 고기를 도둑질 당한 일이 있었는데 외출 후 돌아온 아버지로부터 심한 꾸중을 듣고 쥐 굴을 파헤쳐 쥐를 잡고 먹다 남은 고기도 꺼내 뜰에 감옥모양을 갖추고 핵문(劾文)을 지어 쥐를 심문했다고 한다.

○ 의견설(義犬說)의 고양이

당(唐)나라 마수(馬燧)의 집에 같은 날 태어난 고양이가 있었는데 그 중 한 마리가 죽자 남은 고양이가 죽은 고양이의 새끼들에게 젖을 먹여 키웠다.

한유(韓愈)는 이 사실을 알고 주인 마수의 덕(德)이 영향을 미친 것이라고 말했다.

고양이는 가축이지만 성품이 가장 편협하여 가끔 자기 새끼를 잡아먹는 놈까지 있다.

참으로 자기 새끼인줄 안다면 어찌 잡아먹을 리가 있겠는가. 그렇다면 다른 놈의 새끼를 젖 먹여 키우는 것은 자기 새끼가

▲ 고양이는 기르는 주인의 품성에 따라 변화되고 감화된다.

아닌 줄을 몰라서 그런지도 모르겠다.

  이륙은 이 작품을 통해 타고 난 본성이 편협한 고양이도 기르는 주인의 품성에 따라 변화되고 감화된다는 것으로 유독 만물의 영장이라는 사람만이 교화되지 않는다고 비난하고 있다.

  〈청파집(靑坡集)〉

○ 두 마리 고양이 이야기, 이묘설(二猫說)

집에 있는 고양이는 쥐를 잘 잡는다.

여러 해를 길렀는데 후에 새끼 고양이 한 마리가 더 생겼다.

어디에서 왔는지 알 수 없었지만 가지 않고 두 마리가 함께 지냈다.

작은 고양이는 감히 큰 놈에게 이를 내 보이지 못했다.

큰 놈이 가면 뒤따라가고 큰 놈 뒤에 있었는데 먹을 때는 작은 놈은 옆에서 엿보다가 큰 놈이 다 먹을 때까지 기다리고 있는 것이었다.

큰 놈 역시 다 먹지 아니하고 반드시 먹을 것을 남겨 놓고는 작은 놈을 돌아다보며 물러나는 것이었다.

마치 서로 미루고 양보하는 듯 했다.

고양이는 어진 짐승이 아니다. 쥐를 잡아먹는데 쓰이기 때문이다.

그런대도 능히 이와 같이 할 수 있으니 세상 사람들이 더러

▲ 두 마리 고양이

예의염치를 살피지 않음은 어떤 물건이기 때문인가. 작은 이익을 만나면 문득 도적이 싸워 살해하는 것 같음에 이르나니 진실로 외양은 사람이나 마음은 짐승이다.

이로 말하면 사람은 혹 고양이이며, 고양이는 혹 사람이다. 어찌 외양으로 볼 수 있겠는가.

이수광(李睟光, 1563~1628)은 이 작품에서 작은 이익 때문에 서로 다투고, 예의와 염치를 모르는 인간들의 부적정인 모습을 풍자, 비판하고 있다.

○ 도둑 고양이, 투묘(偸猫)

떠돌이 고양이 한 마리가 밖에서 들어왔는데, 천성이 도둑질을 잘했다.

더구나 쥐가 많지 않아서 배부르게 잡아먹을 수 없었다.

단속을 조금만 소홀히 하면 상에 차려 놓은 음식조차 훔쳐 먹게 됐다.

사람들이 모두 미워하면서 잡아 죽이려하면 또 도망치기를 잘했다.

얼마 후에 떠나 다른 집으로 들어갔다.

그 집 식구들은 원래부터 고양이를 사랑했던바 먹을 것을 많이 주어 배고프지 않도록 했다.

또한, 쥐도 많아서 사냥을 잘해 배부르게 먹을 수 있었으므로 드디어 다시는 도둑질을 하지 않고 좋은 고양이라는 이름을 얻게 됐다.

나는 이 소문을 듣고 탄식하기를 「이 고양이는 반드시 가난한 집에서 기르던 고양이일 것이다. 먹을 것이 없는 까닭에 하는 수 없이 도둑질하게 됐고, 이미 도둑질했기 때문에 내쫓기었다. 우리 집에 들어왔을 때도 역시 그 본질이 좋은 것을 모르고 도둑질하는 고양이로 대우했다. 이 고양이가 그때 형편으로는 도둑질하지 않으면 생명을 유지할 수 없었기 때문이었다.

비록 사냥을 잘하는 재주가 있었다 할지라도 누가 그런 줄 알겠는가? 옳은 주인을 만난 다음에 어진 본성이 나타나고 재주도 또한, 제대로 쓰게 되었다. 만약 도둑질하고 다닐 때에 잡아서 죽여 버렸으면 어찌 애석하지 않겠는가. 아. 사람도 세상을 잘 만나기도 하고 못 만나기도 하는 자가 있는데 저 고양이도 또한, 그러한 이치가 있다」고 한다.

이익(李瀷, 1681~1763)의 『성호사설(星湖僿說) 만물문(萬物門)』편에 실려 있는 이 이야기는 옳은 주인을 만나야 어진 본성과 재주를 발휘할 수 있음을 일깨우고 있다.

○ 고양이 노래, 이노행(貍奴行)

▲ 고양이 모형.

南山村翁養貍奴(남산촌옹양리노)
남산골 늙은이 고양이를 기르는데
歲久妖兇學老狐(세구요흉학노호)
해가 묵자 요망하고 흉악하여 늙은 여우 다 되어서
夜夜草堂盜宿肉(야야초당도숙육)
밤마다 초당에서 고기뒤져 훔쳐 먹고

翻瓨覆瓴連觴壺(번강복부연상호)

항아리 뒤엎고 술병까지 뒤지네

乘時陰黑逞狡獪(승시음흑령교회)

어둠 타고 살금살금 교활한 짓 제 멋대로 다 하다가

推戶大喝形影無(추호대갈형영무)

문 열고 소리치면 형체도 없이 사라지네

呼燈照見穢跡徧(호등조견예적편)

등불 켜고 비춰보면 더러운 발자국 널려 있고

汁滓狼藉齒入膚(즙재낭자치입부)

이빨자국 나 있는 찌꺼기만 낭자하네

老夫失睡筋力短(노부실수근력단)

늙은 주인 잠 못 이루어 근력은 줄어가고

百慮皎皎徒長吁(백려교교도장우)

백방으로 생각해도 긴 한숨만 나오네

念此狸奴罪惡極(염차리노죄악극)

고양이를 생각하면 죄악이 극악하여

直欲奮劍行天誅(직욕분검행천주)

당장에 칼을 빼어 천벌을 내리고 싶네

皇天生汝本何用(황천생여본하용)

하늘이 너를 낼 때 무엇에 쓰려 했던가

令汝捕鼠除民瘼(영여포서제민부)

너에게 쥐를 잡아 백성 피해 없애라 했지

田鼠穴田蓄穉穧(전서혈전축치제)

들쥐는 들에 구멍 파서 어린 벼를 쌓아두고

家鼠百物靡不偸(가서백물미불투)

집쥐는 이것저것 닥치는 대로 다 가져가

民被鼠割日憔悴(민피서해일초췌)

백성들 쥐의 피해로 나날이 초췌해지고

膏焦血涸皮骨枯(고초혈학피골고)

기름과 피가 말라 피골이 상접했다네

是以遣汝爲鼠帥(시이견여위서수)

그래서 너를 보내 쥐 잡이 대장 삼아

賜汝權力恣磔刳(사여권력자책고)

너에게 권력주어 마음대로 찢어 죽이게 했네

賜汝一雙熒煌黃金眼(사여일쌍형황황금안)

황금같이 반짝이는 두 눈을 너에게 주어

漆夜撮蚤如梟雛(칠야촬조여효추)

칠흑같은 밤에도 올빼미처럼 벼룩도 잡을 만큼 했고

賜汝鐵爪如秋隼(사여철조여추준)

너에게 보라매 같은 쇠 발톱도 주었고

賜汝鋸齒如於菟(사여거치여어토)

너에게 호랑이 톱날 같은 이빨을 주었으며

賜汝飛騰搏擊驍勇氣(사여비등박격효용기)

너에게 펄펄 날고 내리치는 날쌘 용기도 주어

鼠一見之凌兢俯伏恭獻軀(서일견지릉긍부복공헌구)

쥐가 너를 한번 보면 벌벌 떨며 엎드려서 몸을 바치게 않았더냐

▲ 고양이 모형

日殺百鼠誰禁止(일살백서수금지)

날마다 백마리 쥐 잡은들 누가 말리랴

但得觀者嘖嘖稱汝毛骨殊(단득관자책책칭여모골수)

보는 사람 네 털과 골격 뛰어나다고 큰 소리로 칭찬만 할 터인데

所以八蜡之祭崇報汝(소이팔사지제숭보여)

그래서 농사 끝난 제사 때에도 네 공로 보답하려고

黃冠酌酒用大觚(황관작주용대고)

누런 갓 쓰고 큰 술잔에 술을 부어 제사 지내지 않더냐

汝今一鼠不曾捕(여금일서부증포)

그런데 너는 지금 쥐 한 마리 잡지 않고

顧乃自犯爲穿窬(고내자범위천유)

도리어 네 놈이 도둑놈이 되었구나

鼠本小盜其害小(서본소도기해소)

쥐는 원래 좀도둑이라 피해도 적지만

汝今力雄勢高心計麤(여금력웅세고심계추)

너는 지금 권세도 높고 마음까지 거칠어

鼠所不能汝唯意(서소부능여유의)

쥐들이 못하는 짓 너는 제 멋대로 행하니

攀檐撤蓋頹堲塗(반첨철개퇴기도)

처마에 오르고 뚜껑 여닫고 담장까지 무너뜨리네

自今群鼠無忌憚(자금군서무기탄)

▲ 고양이 모형

이로부터 쥐떼들은 꺼릴 것 없어
出穴大笑掀其鬚(출혈대소흔기수)
구멍을 나와서 크게 웃으며 수염을 쓰다듬네
聚其盜物重賂汝(취기도물중뢰여)
훔친 물건 모아다가 너에게 뇌물주고
泰然與汝行相俱(태연여여행상구)
태연히 너와 함께 돌아다니니
好事往往亦貌汝(호사왕왕역모여)
네 꼭 닮은 호사자도 더러는 있다더라
群鼠擁護如騶徒(군서옹호여추도)
많은 쥐떼들이 하인처럼 호위하고
吹螺擊鼓爲法部(취라격고위법부)

나팔 불고 북치고 떼를 지어서는

樹纛立旗爲先驅(수독립기위선구)

깃발을 휘날리며 앞잡이가 되어 가네

汝乘大轎色夭矯(여승대교색요교)

너는 큰가마 타고 기만을 부리면서

但喜群鼠爭奔趨(단희군서쟁분추)

쥐들의 굽신대는 그것만 좋아하겠지

我今彤弓大箭手射汝(아금동궁대전수사여)

내 이제 붉은 활에 큰 화살 매겨 네놈 쏘아 죽이고

若鼠橫行寧嗾盧(약서횡행녕주노)

그래도 날뛰면 차라리 사냥개 시켜 쥐 잡으리

「이노행」은 다산 정약용(丁若鏞, 1762~1836)의 작품으로 48행(行)으로 구성돼 있다.

남산골 늙은이가 고양이를 기르면서 8행까지는 고양이가 고기를 훔쳐 먹고 술병을 깨트리며, 어둠을 틈타 흔적도 없이 사라지는 등 고양이의 교활한 짓들이 상세히 묘사돼 있다.

이에 따라 늙은이는 고양이를 없애버리고 싶어 했지만 고양이는 원래 쥐를 잡아 백성들의 피해를 줄이는 것이 본분임을 일깨우고 있다.

20행부터는 고양이의 습성과 생태 등을 생생하게 묘사해 놓았다.

쥐의 천적(天敵)인 고양이의 어둠 속에서도 잘 보이는 눈, 날카로운 발톱, 톱날 같은 이빨, 날쌘 동작 등이 24행까지 묘사돼 있다.

고양이는 쥐를 잘 잡게 되면 칭찬해 주고 제사까지 지내 주는데 고양이가 쥐는 안 잡고, 쥐보다 더 큰 도둑이 되는 과정을 그리고 있다.

31행부터는 고양이가 쥐는 안 잡고 오히려 도둑이 되어 제멋대로 하자 쥐들이 꺼릴 것 없이 훔친 물건을 고양이에게 뇌물로 바치고 쥐떼들과 한 패거리가 되어 쥐떼들의 떠받듦만 즐기고 있음을 꼬집고 있다.

따라서 화살로 고양이를 쏴 죽이고 그래도 쥐들이 날뛰면 고양이 대신 개를 불러 대리라고 경고하고 있다.

다산 정약용은 이 작품을 통해 감사(監司)나 군관(軍官)들이 백성들을 보살피지 않고 오히려 백성들의 재물을 수탈(收奪)해 가거나 야합(野合)하는 당시 시대적 상황을 고양이와 쥐에 빗대어 풍자(諷刺)하고 있다.

○ 오원전(烏園傳)

▲ 어미 고양이와 새끼 고양이가 묘사된 그릇

1770년경 유본학(柳本學)이 지은 가전체소설로 「오원」은 고양이를 의인화한 것이다.

주인공 오원은 노나라 사람으로 도둑을 잘 지켜 천거(薦擧)되었다.

임금의 총애를 받게돼 오정후(烏程侯)에 봉해지고 조서산(鳥鼠山)을 식읍(食邑)으로 받았다.

그런데 오원은 임금의 사랑을 믿고 교만해져 동료들에게 횡포를 부리기 시작했다.

사냥꾼 노령(盧令)과 사이가 벌어져 다투다가 임금의 총애를 잃게 된다.

그 뒤 수라상 위에 놓인 구운 생선을 훔쳐 먹으려다 들켜 쫓겨나 길에 버려졌다.

그리고는 민가에서 구걸과 도둑질로 연명하다 병으로 죽고 말았다.

이 작품은 사람의 도리를 깨우치는 것으로 고양이를 가탁(假託)하여 약삭빠른 인물의 처세를 엿보게 하고 있다.

○ 서거정의 「오원자부(烏園子賦)」

▲ 거울 보는 고양이

조선 초기 문신이었던 서거정(徐居正, 1420~1488)의 호는 오원이라는 고양이의 일명으로 쥐를 잡아주는 고양이를 찬양하고 있다.

부(賦)는 느낀바나 생각을 있는 그대로 표현한 글이다.

동문선(東文選)에 실려 있고, 고양이가 병아리를 채 간다고 의심했으나 고양이가 쥐를 잡는 것을 목격하고 의심하지 않을 것을 의심하기도 하고, 의심할 것을 의심치 않기도 하니 명확한 근거가 요구되고 있음을 강조하고 있다.

경전의 내용도 일부 인용돼 있다.

▲ 고양이 모형

歲在火鷄 夏至之夕(세재화계 하지지석)

해는 정유년 하짓날 저녁에

風雨晦冥(풍우회면)

비바람은 몰아쳐서

夜昏如漆(야혼여칠)

밤은 칠흑 같은데

四佳子患心痞(사가자환심비)

사가자는 가슴이 결려서

身不帖席(신불첩석)

자리에 편히 눕지 못하고

倚壁而睡(의벽이수)

벽에 기대 졸고 있다가

忽聞屛幛間有聲摩戛(홀문병장간유성마알)

갑자기 병풍과 휘장 사이에서 소리가 들리는데

乍止乍作(사지사작)

언뜻 들리다 말다 하는구나

子有鷄雛(여유계추)

집에서는 병아리가 깨어

籠在臥榻之側(농재와탑지측)

병아리장이 와상 곁에 있었는지라

呼童子而護之(호동자이호지)

아이를 불러 닭장을 잘 가려서

以防猫竊(이방묘절)

고양이를 막으라고 했지만

童子鼻雷(동자비뢰)

아이는 코를 골며

其睡也熟(기수야숙)

깊은 잠에 빠져 있었네

予意老猫幸人之睡(여의로묘행인지수)

나는 늙은 고양이가 사람이 잠든 틈을 타서

磨牙鼓吻於弱之肉也(마아고문어약지육야)

연약한 병아리를 잡아먹으려 하는 줄 알고

猝然奮杖而怒曰(졸연분장이노왈)

갑자기 지팡이를 휘두르며 성난 말투로

養猫所以除鼠(양묘소이제서)

고양이를 기르는 것은 쥐를 잡자는 것이며

非爲害物(비위해물)

가축을 해치라는 것이 아닌데

今反不爾(금반불이)

지금 그 반대여서

惟職之闕(유직지궐)

너의 직분을 수행하지 못한다면

當一擊而粉碎(당일격이분쇄)

단번에 쳐서 가루를 내고 말리라

子於猫乎何惜(여어묘호하석)

고양이를 아껴 무엇하랴

俄有二物 掠吾脛而閃去(아유이물 약오경이섬거)

▲ 고양이 모형

이윽고 두 마리 짐승이 내 정강이를 스쳐 번쩍 지나가는데

前者小而後者大(전자소이후자대)

앞에 놈은 작고 뒤에 놈은 커서

狀若猫之捍鼠(상약묘지한서)

고양이가 쥐를 덮친 모습이기에

蹴童燭之(축동촉지)

아이를 깨워 촛불을 비춰 보니

鼠已屠盡 而猫則寢處乎其所矣(서이도진 이묘칙침처호기소의)

▲ 고양이 모형

쥐는 이미 잡혀 있었고 고양이는 제 집에서 편히 쉬고 있기에

四佳子矍然驚曰(사가자확연경왈)

나는 깜짝 놀라 이렇게 말하노라

猫捍其鼠(묘한기서)

고양이가 쥐를 덮쳐잡아

乃職其職(내직기직)

제 직책을 잘 수행했거늘

予不自明(여불자명)

내가 스스로 깨닫지 못해

以忖以臆(이촌이억)

혼자 속으로 억측한 끝에

致疑於猫(치의어묘)

고양이에게 의심을 품어서

幾蹈不測(기도불측)

불측한 일을 저지를뻔 했구나

嗚呼噫噫(오호희희)

아 참으로 가상하기도 해라

鼠之爲蟲 物莫比其賤(서지위충 물막비기천)

쥐라는 것을 생각하면 그것만큼 천한 것이 없으니

毛淺不雋(모천불준)

털은 짧아 쓸데없고

肉卑不薦(육비불천)

고기는 천해 제사상에도 올리지 못하니

尖鬚悍目(첨수한목)

뾰족한 수염에 사나운 눈

孰賦爾質(숙부이질)

누가 너 같은 자질을 타고나며

處溷穴壤(처혼혈양)

측간이나 땅속을 파고 살거니

孰爭爾窟(숙쟁이굴)

누가 네 굴을 빼앗고자 하겠느냐

循墻其詐(순장기사)

담장을 타고 도는 것은 간사함이요

托社其黠(탁사기힐)

사직단에 의탁하는 건 교활함이라

爾腹易盈(이복이영)

네 배는 채우기도 쉽거늘

何欲乎溪壑(하욕호계학)

어찌 욕심은 골짜기처럼 넓고 깊으며

爾喙不長(이훼불장)

네 주둥이는 길지도 않은데

何銛乎戈戟(하섬호과극)

어찌 창끝보다 날카로운 것이냐

善伺巧候(선사교후)

인기척을 교묘히 엿보다

晝竄夜縱(주찬야종)

낮에는 숨고 밤에 활동하면서

穿我箱篋(천아상협)

내 상자를 갉아서 뚫어 버리고

攪我盆甕(교아분옹)

나의 쌀 항아리를 널브러뜨리니

我衣何完(아의하완)

나의 옷이 어찌 온전하며

我粟何贏(아속하영)

내 양식이 어찌 남아날 수 있겠느냐

孰腐其嚇(숙부기혁)

네 썩은 고기를 누가 빼앗을까 성을 내며

孰肝其烹(숙간기팽)

네 간은 누가 삶아 먹겠다던가

地嫌忌器(지혐기기)

너를 잡으려 해도 그릇 깰까 못하고

勢倚熏屋(세의훈옥)

부잣집에 몸을 의탁해서

跳梁跋扈(도량발호)

▲ 풀숲에 웅크리고 있는 고양이

멋대로 날뛰고 극성을 부리지만

天壅厥惡(천옹궐악)

하늘은 그 악을 북돋아주기에

此所以國風刺碩(차소이국풍자석)

이래서 나라에서는 포악한 정치를 하는 자를 너에게 비유했고

麟史書食(린사서식)

춘추(春秋)에서는 쥐가 일으키는 재변에 대해 상세히 기록해

놓았다.

　　當斯時不有烏圓子驅除之功(당사시불유오원자구제지공)

　　이럴 때 고양이가 너를 제거한 공이 없다면

　　幾何不逝汝彼適者乎(기하불서여피적자호)

　　너를 버리고 떠나지 않을 사람이 얼마나 되겠는가

　　我嘗讀禮(아상독례)

　　내가 일찍이 예기(禮記)를 읽었는데

　　迎猫有法(영묘유법)

　　고양이를 맞이하는 법이 있었으니

　　興我田功(흥아전공)

　　우리 밭농사를 잘되게 도와서

　　利民澤物(이민택물)

　　백성들에게 이롭기 때문이었다

　　予養烏圓子(여양오원자)

　　내가 고양이를 기르는 까닭은

　　意蓋如此(의개여차)

　　대체로 이와 같은 것이기에

　　同我衾褥(동아금욕)

　　내 요와 이불을 함께 쓰고

分我甘旨(분아감지)

내 맛있는 음식을 나눠 먹이니

惟烏圓子感激知己(유오원자감격지기)

고양이가 저를 알아줌에 감격한 나머지

奮氣鼓勇(분기고용)

기운을 뽐내고 용맹을 떨쳐서

▲ 바닥에서 편히 쉬고 있는 고양이

效才展技(효재전기)

재능과 기예를 한껏 발휘하여

狺然其聲(은연기성)

이를 악물고 으르렁거리면서

耽然其視(탐연기시)

호시탐탐 노려보고 있다가

劃若電邁(획약전매)

번개치듯 달려가고

倏若風動(숙약풍동)

바람불듯 빠른 동작은

鼠輩帖伏(서배첩복)

쥐들이 풀이 죽어 엎드리게 하고

主臣人拱(주신인공)

황공한 태도로 바짝 움츠리게해서

攫生搏走(확생박주)

산 놈 움켜잡고 달아나는 놈 쫓아가

搪突鳳羆(당돌희비)

있는 힘 다해 냅다 후려쳐

或抉其目(혹결기목)

혹은 눈알을 긁어내기도 하고

或截其首(혹절기수)

혹은 머리를 잘라버리기도 하며

磔裂狼藉(책렬낭자)

낭자하게 갈기갈기 찢어서

肝腦塗地(간뇌도지)

간과 뇌를 땅 위에 흩어버리고

擣巢盪穴(도소탕혈)

쥐의 소굴을 소탕하여

無俾易種(무비이종)

종자를 남기지 못하게 하였네

當此時雖封以肉食之侯(당차시수봉이육식지후)

이때에는 비록 높은 녹봉(祿俸)의 후작(侯爵)에 봉하여

日享大官之羞(일향대관지수)

날마다 고관의 성찬으로 먹인다 해도

未足償功而酬德(미족상공이수덕)

그 공덕을 보상하기에는 부족할 터인데

何一念之不察(하일념지불찰)

어이해 한 생각을 신중히 하지 못해서

紛然致此惑也(분연치차혹야)

어찌하여 이런 의혹을 가졌단 말인가

爾以直而賈害(이이직이가해)

너는 정직함 때문에 해를 당할 뻔했고

我以疑而枉殺(아이의이왕살)

나는 의혹으로 너를 잘못 죽일뻔 했구나

我雖仁於鷄雛而不仁於爾(아수인어계추이불인어이)

내가 병아리에게는 어질었으나 네게는 어질지 못해

爲鼠報仇豈理也哉(위서보구기리야재)

쥐의 원수를 갚아주는 게 어찌 도리이랴

嗚呼天下(오호천하)

아 천하에

事理無窮(사리무궁)

사리가 무궁무진해

人之酬酢(인지수초)

사람이 대처하는 도리도

有萬不同(유만불동)

오만 가지 다른 까닭에

有疑於不疑(유의어불의)

의심하지 않을 것을 의심하기도 하고

有不疑於疑(유불의어의)

의심할 것을 의심 안 하기도 하니

疑與不疑(의여불의)

의심하고 안 하는 차이는

毫釐千里(호리천리)

천리 멀리 동떨어지니

不揆以理而揆以心(불규이리이규이심)

사리로 헤아리지 않고 사심으로 헤아리거나

不跡其實而跡其似(부적기실이적기사)

실체를 포착 못 하고 유사한 걸 포착했다가는

靡有不鷄鼠於其間(미유불계서어기간)

천하의 사리가 모두 닭과 쥐의 관계 같아서

而致疑於烏圓子也(이치의어오원자야)

반드시 오원자를 의심하게 되고 말리라

呼童子而書之(호동자이서지)

아이를 불러 이대로 기록해서

因以自矢(인이자시)

이로 인해 스스로 맹세하노라

▲ 고양이를 귀여워하는 주인을 잘 표현하고 있다.

○ 고양이 기른 이야기, 축묘설(畜描說)

일찍이 옛사람에게 들었는데 「닭을 기르면서 살쾡이를 함께 기르지 않는다」는 말이다.

군자가 나아가면 소인이 물러난다는 것은 이익이 되는 바를 취하고 해가 되는 바를 없애는 것이다.

이익 되는 것을 취하지 않는다는 것은 손해되는 바가 많다는 것이요, 그것이 나라를 좀먹고 가정을 죽이지 않는 바가 드물다.

우리 집에서 고양이 새끼 한 마리를 기르고 있어서 그 이치를 시험해 보았다.

▲ 고양이가 그려진 그릇

그 이유는 집이 본래 가난하고 곳간은 비어 있어 물건에 해가 있을 것을 걱정하지 않았는데, 가을에 수확해서 곡식을 모아두면 뭇 쥐들이 문득 모여들어 그것들이 벽에 구멍을 뚫고 집을 엿보기도 하고, 혹은 대들보에서 시끄럽게 하기도 하고, 침상에서 뛰어다니며 옷을 물어뜯어 수많은 구멍을 내기도 하고, 곡식을 훔치는 수많은 구멍을 뚫으니, 그 해가 저주하지 않는 것이 없었으나, 그런 쥐를 없앨 술책은 없었다.

이에 이웃집에서 작은 고양이를 빌려 사랑스럽게 길러 몇 개월이 지나니, 큰 쥐들을 때려죽이는 지모(智謀)가 있어, 아침에는 담장의 구멍 옆에서 저녁에는 항아리 사이를 엿보다 반드시 쥐 고기 먹기를 다하고, 그런 후에 만족하니 이것이 고양이의 천성인 것이다.

주인을 위해 해를 없애니, 나는 그 고양이를 애지중지하여 매번 저녁밥 남은 것을 맛있게 먹였고, 또 탐욕스런 개에게 쫓기고 물리는 것을 막아 주었다.

그 고양이 눈은 해의 그림자와 같이 차고 이지러지며, 그 발은 원숭이와 같이 빠르게 오르내리니, 쥐를 잡음이 어찌 꼭 오랑캐의 칼끝과 같고, 율령을 정비한 엄정한 인물인 중국 전한(前漢)시대 관료였던 장탕(長湯)의 계를 심문하는 것과 같아서, 이후로 우리 집을 편안하게 해주었다.

오호라, 나라에서 고기를 먹는 사람으로서 참으로 임금 곁의 소인과 간신을 없애지 않으면 곧 장차 어찌 그들을 쓰겠는가?

대략적으로 짐승의 몸에 사람의 마음을 갖는 사람이 있고, 사람의 얼굴을 하고 있으나 짐승의 마음을 갖는 사람이 또한 있으니, 세상에는 사람이면서 쥐인 사람이 많다.

애석하구나, 임금이 주는 옷을 입고 주는 밥을 먹으면서 그 직무를 다스리지 않는 사람은 어찌 내 고양이에 견주어 부끄러움이 없으리오. 〈송암집(松巖集) 권6 설전(設傳)〉

조선 중기의 문인이며 학자인 권호문(權好文, 1532~1587)의 문집인 송암집에 실려 있는 축묘설은 국록(國祿)을 받는 벼슬아치들은 임금 곁의 소인과 간신을 물리치는데 게을러서는 안 된다고 지적하고 있다.

○ 고양이 이야기, 묘설(猫說)

내 집에는 쥐가 사나워 괴로워했는데 특히, 한 마리 큰 쥐는 더욱 방자하게 굴었다.

양쪽 구멍에 붙어살면서 동쪽에서 괴롭히면 서쪽으로, 서쪽에서 압박하면 동쪽으로 달아났다.

그 움직임이 매우 빨라서 보고자 하여도 그럴 틈이 없었으니

하물며 어찌 잡을 수 있었겠는가.

집 사람이 그 쥐를 몹시 싫어해 흙으로 두 개의 구멍을 막고, 또 이웃에서 새끼 고양이를 얻어와 쥐에게 겁을 주어 은밀히 극성스러운 쥐의 사나움을 당하는 걱정을 다시 하지 않으려는 계획을 세웠다.

그러나 그 다음날 아침에 보니 또 두 개의 구멍이 뻥 뚫려 처음과 같았다.

고양이 또한, 배가 불러 놀기만 할뿐 쥐를 잡으려는 생각도 없었다.

오히려 밤낮으로 옷 방 가운데 살면서 망령되어 나오려 하지도 않았다.

처음에는 쥐가 무서워서 조심해 구멍 속을 엿보다가 고양이가 가버리면 포악해졌다가도 고양이가 끝내 가지 않으니까 물러나서 두려워하며 감히 나오지 못하기를 여러 날이었다.

이렇게 되자 쥐는 엿보기를 더욱 익숙히 하더니 다른 이상한 것이 없다고 깨닫고 쥐를 잡으려 하지 않는 것으로 여기고 조금씩 구멍에서 나와 공공연히 나타났지만 고양이 역시 거들떠보지도 않았다.

이렇게 하기를 수십 일 지나자 쥐가 동쪽 구멍에서 나와 옷상자 속을 들락거렸다.

고양이가 흘겨보다가 재빠르게 일어나 동쪽 구멍으로 내다르며 큰 소리 내어 부르짖고 곧 다시 서쪽 구멍을 지키니 쥐가 크게 놀라 동쪽 구멍에 변고가 있는 것으로 생각하고 옷상자 아래 틈으로 서쪽 구멍으로 뛰어 들었다. 고양이가 입술을 실룩이며 물려고 했다.

쥐는 기운이 빠져 돌아서지 못하고 약간 움직이며, 문득 막을 자세를 보이며 발을 움츠리고 숨을 죽였으나 어찌 살아날 계책이 있었겠는가.

쥐가 매우 살이 찌고 건강하니 고양이는 힘으로 대적할 수 없자 위엄을 앞세우고 핍박하여 해친 후에야 잡아먹었다.

나는 처음 오랫동안 고양이가 쥐를 잡지 않아 기뻐하지 않았는데 이에 한탄하기를 「저것은 참으로 쥐 스스로가 취한 것이다. 대저 사람에게 의지하여 살아가는 것들은 사람의 재물을 훔치지 않으며 또한, 사람에게 해를 끼치는 물건도 역시 혹 사람을 이롭게 하기도 한다. 지금 쥐는 사람의 방에 의지하여 살면서 그 벽에 구멍을 뚫고, 사람의 곡식을 먹고 또 사람의 옷을 훼손시키며 은밀하고도 참으로 구차하게 하니 지극히 작은 생명이 사람들에게 미움이 쌓여 위태로움을 밝기를 즐겨하고 변화를 알 수 없다. 이에 마땅히 그 종류를 모조리 쓸어 없애고 그것들이 깃들어 사는 구멍을 옮기고 없애서 나머지 없애니 또 어찌 불쌍하지 않겠는가.」

일찍이 당지(唐志)를 읽다가 소숙비(蕭淑妃)가 죽은 부분에 이르렀는데 무씨(武氏)를 꾸짖어 말하기를 「내세에 다시 태어나면 나는 고양이가 되고 저 무씨는 쥐가 될 것이다. 그리하여 내세 내내 그 목을 노려 항상 원한의 독과 분함으로 무씨를 죽일 것을 생각하리라」 하였다 하니 아닌 게 아니라 그 고을에서 고양이가 되었다고 한다.

속으로 그 뜻을 슬퍼하면서 지금 고양이가 쥐를 잡는 것을 보고 문득 그 말을 생각하니 고양이가 사납지 않은 것을 염려하고 쥐가 달아나는 것을 즐기면서 웃으니 이 또한, 한 번의 쾌함인 것이다.

대저 하나의 일을 하면서 가히 이로움이 되는 것만을 좋아함을 경계함이니 죽음을 즐기는 것을 두려워함을 어찌 모르겠는가. 〈뇌연집(雷淵集) 권27 잡저조(雜著條)〉

조선 후기 문신 남유용(南有容, 1698~1773)의 고양이 이야기로 당(唐) 태종(太宗)과 고종(高宗)의 후궁으로 중국 역사상

유일하게 여황제가 되었던 인물인 측천무후(測天武后)로 천하를 호령하던 무씨에 의해 형이 집행될 때 소숙비는 「요망한 무씨가 나를 모함해 죽음에 이르게 했다. 원컨대 후생에 나는 고양이로 태어나고 무씨는 쥐로 태어나 반드시 산채로 목을 물어 뜯고 그 고기를 씹고 말 것이다」라는 고사(故事)를 인용한 것이다.

○ 고양이가 쥐 잡는 이야기, 묘포서설(猫捕鼠說)

내가 남의 집을 세내서 더부살이를 하고 있는데 영모씨(永某氏) 집에는 오래 되서 익숙한 쥐가 있어 항상 환한 대낮에도 무리를 이루어 눈을 부릅뜨고 쳐다보거나, 방자하게 혹은 상 위에서 수염을 쓰다듬기도 하고, 혹은 문간에서 이마를 내놓거나, 담에 구멍을 뚫고 틈에 구멍을 파서 방과 집이 온전한 데가 없었다.

상자에 구멍을 내고 광주리를 씹으며, 횃대에 온전한 옷이 없으며, 문짝을 흔들고 장막을 움직이며 그릇을 번쩍 들고 항아리를 핥으며, 내 보리쌀을 먹으며 내 궤짝과 책상을 깨물며 시정의 횃대와 상아 침대를 씹어 훼손시키니, 거의 모든 것을 다 깨물었다.

가볍고 재빠른 몸짓으로 교활하게 움직이니 눈 깜짝할 사이에도 볼 수 없었다.

저녁에 이르기까지 하고, 더듬더듬 느릿느릿 하는데 두드리고 치며 꾸짖고 위협해도 조금도 두려워하지 않고, 몰래 막대기를 던져 쫓고 놀라게 하면 혹 잠깐 엎드리기는 하나, 잠시 지나면 다시 또 그렇게 했다.

쥐구멍에 물을 흘려 넣어 두렵게 하고, 나무를 태워 연기를 불어넣어 무섭게 하고, 그릇을 던져 꺼리게 하며 그가 숨은 구멍을 빼앗으려고 하나, 빌어볼 부적(符籍)이 없으며 물리칠 칼이 없었다.

나는 오로지 내 물건이 마구 없어지는 것뿐만 아니라 내 목이 씹히고 깨물릴 것도 두려워하였다.

나는 자못 걱정하다가 이웃집의 고양이를 빌려와서 부뚜막에 놓고 쥐를 잡게 한즉, 고양이는 그 쥐를 보는데, 자세히 보기를 마치 보지 않는 것처럼 했다.

어찌 다만 잡지 않을 뿐만 아니라, 또 쥐들을 따라다니며 친하게 하고 무리를 이루며 구멍을 빠르게 들락거리니 방자하기가 더욱 심해졌다.

내가 이에 탄식하고 탄식하며 말하기를, 「이 고양이는 사람에게 길러져 그의 직분을 게을리 하니 어진 법관(法官)이 저촉된 죄에 대해 힘쓰지 않는 것과 다르며, 강포한 아전이 적을 방어하는데 게을리 하는 것과 다르겠는가?」 하고 분(憤)해한 것이 오래되었으나 돌이킬 수 없음에 대한 한탄만 하면서 여러 날을 지내고 있었다.

그러다가 「내 집에 고양이가 있는데 사납고 또 굳세어 쥐를 잘 잡는다」고 와서 말하는 사람이 있었다.

▲ 쥐의 천적 고양이

마침내 구해서 두었더니, 우뚝 서서 바라보며, 입을 다물었는데 무늬 있는 털은 얼룩무늬 표범이며, 닳은 어금니와 긴 발톱으로 낮에는 순시하며 밤에는 엿보았다.

쥐구멍에 임해서는 높이 코를 끙끙거려 쥐 냄새를 맡으며 곧 몸을 웅크리고 쭈그려 앉아 주먹 앞다리를 허리에 대고 귀를 쫑그리며, 한참 동안을 보고 있다가 그 구멍에 대고 수염을 흔들면서 곧 움직임이 빠르지 않음이 없었다.

그리고 머리를 부수고 창자를 무찌르고 눈을 긁어 파내고 꼬리를 베어냈다.

열이틀이 지나자 앉아 쥐 무리들이 순하게 엎드리니 다섯 가지 재주가 이미 다해 두 문은 물을 뿌린 듯 깨끗하고 구멍은 막혀 거미줄이 쳐졌다.

지난번의 짹짹거리던 쥐 소리는 숙연해지고 자취가 없어지니 집기와 물건과 의복이 하나도 훼손되고 헐어지는 것이 없었다.

대저 쥐는 음지(陰地)의 부류라 항상 사람에게 겁을 내는 것이다.

지난번 물건을 마구 없앴던 것은, 어찌 깊은 꾀와 원대한 지식이 있고 큰 담력과 장쾌한 힘이 있어 능히 사람을 능멸하고 모욕을 주었겠는가?

오직 사람이 쥐를 막는 방법을 몰랐으므로 그 교활함과 방자함을 나타냄이 저와 같이 이르게 된 것일 뿐이다.

오호라, 사람이 쥐보다 영험하지 않는 것이 아니나 쥐를 막을 수 없었고, 고양이가 사람보다 영험함이 있는 것이 아니나 쥐는 고양이를 두려워하니, 하늘이 물건을 냄에 있어 각각 직분을 지킴이 있는 것이 이와 같을 것이다.

지금 둥근 머리에 반듯한 발을 하고서도 이름을 훔치고 의리(義理)를 좀먹으며 이익을 탐하고 물건에 해를 끼침이 쥐보다 심한 사람이 많다.

나라를 가진 사람이 대개 도를 버리는 까닭을 생각하고, 내가 고양이가 쥐를 잡는 것을 살피니 사악함을 물리치는 것과 비슷함이 있었다. 마음에 느낌이 있어 마침내 설을 짓는다.

〈간재집(艮齋集) 권2 잡저조(雜著條)〉

조선 초기 문신인 최연(崔演, 1503~1549)의 고양이가 쥐 잡는 이야기는 쥐의 횡포와 고양이가 쥐를 잡는 구체적인 묘사가 두드러진다.

군주가 사악함을 물리치는 것을 고양이가 쥐를 잡는 것에 비유하며 각각의 직분을 일깨우고 있다.

제 8 장
고양이와 시, 동요, 소설, 영화, 애니메이션, 고사성어

- 고양이의 꿈
- 봄은 고양이로소이다
- 검은 고양이 네로
- 장화신은 고양이
- 검은 고양이
- 나는 고양이로소이다
- 뜨거운 양철 지붕 위의 고양이
- 캣 우먼(Cat Woman)
- 톰과 제리
- 흑묘백묘론
- 궁서설묘

고양이 백과

이장희(李章熙, 1900~1929)의 시(詩) 「고양이의 꿈」은 고양이라는 매개체를 통해 봄을 배경으로 꿈이란 환상적인 몽상을 노래하고 있다.

제8장
고양이와 시, 동요, 소설, 영화, 애니메이션, 고사성어

○ **고양이의 꿈**

이장희(李章熙, 1900~1929)의 시(詩) 「고양이의 꿈」은 고양이라는 매개체를 통해 봄을 배경으로 꿈이란 환상적인 몽상을 노래하고 있다.

「시내우에 돌다리
달 아래 버드나무
봄 안개 어리인 시냇가에 푸른 고양이
곱다랗게 단장하고 빗겨 있소, 울고 있소
기름진 꼬리를 쳐들고

밝은 애달픈 노래를 부르지요.

푸른 고양이는 물 올은 버드나무에 스르를 올나가

버들가지를 안고 버들가지를 흔들며

또 목노아 웁니다, 노래를 불름니다.

멀리서 검은 그림자가 움직이고

칼날이 은(銀)같이 번쩍이더니

푸른 고양이도 볼 수 없고,

꽃다운 소리도 들을 수 없고

그저 쓸쓸한 모래 위에 선혈(鮮血)이 흘러 있소」

○ 봄은 고양이로소이다

「봄은 고양이로소이다」는 고양이의 털, 눈, 입술, 수염 등을 통해서 봄의 감각적 요소들을 형상화하고 있다.

꽃가루와 같이 부드러운 고양이의 털에

고운 봄의 향기가 어리우도다

금방울과 같이 호동그란 고양이의 눈에

미친 봄의 불길이 흐르도다

고요히 다물은 고양이의 입술에
포근한 봄 졸음이 떠돌아라

날카롭게 쭉 뻗은 고양이의 수염에
푸른 봄의 생기가 뛰 놀아라.」

○ 검은 고양이 네로

「그대는 귀여운 나의 검은 고양이
새빨간 리본이 멋지게 어울려
그러다 어쩌다 토라져 버리면
얄밉게 할퀴어서 마음 상해요
(후렴)
검은 고양이 네로 네로 네로
귀여운 나의 친구는 검은 고양이
검은 고양이 네로 네로 네로
이랬다 저랬다 장난꾸러기

라라라라 랄랄라」

1970년대 유행했던 동요로 이탈리아 동요 콘테스트 수상작인 동요로 원곡은 「검은 고양이가 갖고 싶었어」이다.

국내에서는 당시 여섯 살 박혜령 양이 불러 유명해진 동요이다.

▲ 검은 고양이 네로 레코드판

○ 장화신은 고양이

프랑스 동화작가 새를 페로(Charles perrauit)가 1697년 발표한 작품이다.

이 작품은 상속받은 큰 재산도 좋지만 기발한 발상과 재치가 더욱더 가치가 있을 수 있다는 내용이다.

방앗간 주인이 나이 들어 세상을 떠날 때 첫째에게는 방앗간을, 둘째에게는 당나귀를, 막내에게는 고양이 한 마리를 남겼다.

막내는 곡물창고를 지키던 고양이 이외에는 아무것도 물려

받지 못했고, 쫓겨나기에 이른다.

 막내아들이 이 고양이를 잡아먹으려 하자 고양이는 그에게 한 켤레의 장화와 가방 하나를 주면 부자로 만들어 주겠다고 제안했고, 처음에는 의심했지만 장화와 가방을 고양이에게 주었다.

 가방을 메고 장화를 신은 고양이는 궁전으로 들어가 그의 주인인 「카라바스」 후작을 자신의 주인으로 소개한 뒤 후작 이름으로 여러 차례 선물을 보낸다.

▲ 장화신은 고양이 모형

 후작이 강가에서 목욕하다가 옷을 도둑맞은 것처럼 꾸며 막내아들은 강에서 구출되고 호사스런 옷에 왕의 마차에 오르게 된다.

 장화신은 고양이는 일하는 사람들에게 이 땅은 「카바라스」 후작의 땅이라고 말해달라고 왕의 마차가 도착하기 전에 말해 두었고, 「오그르」에게 쥐로 변신해 보라고 꾀어 「오그르」가 쥐로 변하자 쥐를 잡아먹어 치움으로 「오그르」의 궁전과 땅은 모두 자신의 주인인 막내아들의 소유가 되었다.

마침내 왕은 「카바라스」 후작과 자신의 공주를 혼인시키고, 방앗간 집 막내아들과 공주, 그리고 고양이는 오래오래 행복하게 살게 되었다.

○ 검은 고양이(The Black Cat)

1843년 발표된 미국의 애드거 앨런 포(Edgar Allan Poe, 1809~1849)의 단편소설로 음산한 분위기와 괴이한 심리묘사가 두드러진 작품이다.

광기와 분노, 악마성 등 인간의 어두운 내면을 파헤친 작품으로 평가 받고 있다.

▲ 검은 고양이

주인공은 어릴 때부터 여리고 순하며 동물을 사랑하는 사람이었다.

그렇지만 어른이 되어서는 술과 음주벽에 빠지게 되고, 점차 포악해지게 된다.

오랫동안 검은 고양이 「플루터」를 길러 왔는데 어느 날 술집에서 돌아와 보니 검은 고양이가 그를 피하게 된다.

홧김에 고양이의 한 쪽 눈을 빼 버리고 결국에는 목을 매달아 죽여 버리게 된다.

그날 밤 집에 큰 불이 나서 전 재산을 다 태워 버리고 절망에 빠진 주인공은 「플루터」를 닮은 검은 고양이 한 마리를 얻어 키우게 된다.

이 고양이를 볼 때마다 잔인하게 죽인 「플루터」를 기억하며 죄책감과 분노, 광기에 사로잡혀 검은 고양이를 죽이겠다고 결심한다.

고양이를 죽이려고 도끼를 휘두르는 순간 이를 말리던 아내를 죽이게 된다.

결국 자신이 죽인 아내의 시신을 숨길 방법을 고민하다가 지하실 벽에 숨기기로 하고 벽면을 뜯어 시신을 넣은 뒤 벽을 발라서 감쪽같이 숨기게 된다.

검은 고양이는 보이지 않았다. 평온한 날들이 도래한 가운데 경찰이 찾아왔고, 아내의 시신을 찾으려 했으나 찾을 수 없었다.

경찰이 돌아가려는 순간 벽속에서 비명소리가 들렸고, 경찰이 벽을 허물고 아내의 시신을 찾아냈는데 아내의 시신 위에는 검은 고양이가 앉아 있었다.

그는 기절해 버렸고, 체포돼 형장으로 끌려가게 된다.

○ 나는 고양이로소이다

일본 소설가 나쓰메 소세키(夏目漱石, 1867~1916)의 장편소설로 1905년부터 1906년 사이에 발표됐다.

중학교 영어교사인 구사미(苦沙弥) 선생의 집에서 기르는 한 마리의 고양이를 주인공으로 고양이 눈에 비친 인간의 어리석음과 지식인들의 이중적인 속물형을 날카롭게 풍자하고 있다.

▲ 고양이 모형

고양이 주인인 구사미는 중학교 영어선생이지만 우유부단하고 고지식하며 천하태평형으로 고집불통의 편협한 성격이다.

그의 집에 찾아오는 친구들과 문하생들의 면모는 거짓말과 궤변으로 다른 사람을 속이는 취미를 지녔고, 세상을 등지고 세상 뒤에 숨어 고고하게 살아가는 척 하지만 사실은 그들도 속물에 지나지 않는다.

일본 근대사회를 날카롭게 비판하는 이 소설은 신랄한 풍자와 해학의 이면에 인간의 쓸쓸함과 서글픔 등을 집에서 기르는 고양이를 통해서 적나라하게 비난하고 조소하고 있다.

○ 뜨거운 양철 지붕 위의 고양이 (Cat on Hot Tin Roof)

리처드 브룩스(Richard Brooks)가 테네시 윌리엄스(Tennesee Williams) 원작을 각색한 영화로 엘리자베스 테일러(Elizabeth Taylor)와 폴 뉴먼(Paul Newman)이 주연을 맡아 흥행에 성공을 거뒀다. 그는 이 영화로 1958년 미국 뉴욕영화 비평가협회 최우수 감독상을 수상했다.

미국 남부 귀족 가문에서 태어난 「매기」는 유명했던 미식축구선수 「브릭」과 결혼하지만 불행한 결혼생활이 이어진다.

브릭은 아버지의 죽음으로 형과 재산 상속문제로 암투를 벌이게 되고, 한쪽 다리마저 잃게 되면서 정열적으로 사랑을 갈구하는 매기의 사랑을 충족시켜 주지 못한다.

남편의 사랑을 갈구하는 고양이 같은 여자 「매기」와 아내의 욕구를 충족시켜 주려는 노력조차 없는 남편 「브릭」 사이에는 뜨거운 신경전이

▲ 영화 「뜨거운 양철 지붕 위의 고양이」 포스터

벌어지고, 「매기」가 처한 상황이 마치 뜨거운 양철 지붕 위의 고양이처럼 옴짝달싹 못하는 처지가 된다는 줄거리이다.

○ 캣 우먼(Cat Woman)

매사에 소심하고 소극적인 여주인공은 늘 주위사람들에게 무시당하고 살아간다.

화장품 회사 그래픽 디자이너로 일하는 그녀는 늘 다른 사람들에게 당하고 사는 자신이 못마땅하다.

여주인공은 뜻하지 않게 화장품 회사의 비밀을 누설할 우려한 화장품 회사 사주에게 죽임을 당하게 된다.

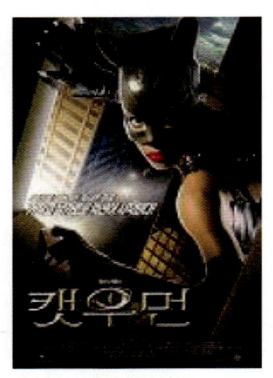
▲ 영화 「캣 우먼(Cat Woman)」 포스터

그렇지만 그녀는 고양이의 신비로운 힘으로 부활, 선(善)과 악(惡)을 동시에 지닌 캣 우먼으로 다시 태어난다.

피토프(Pitof) 감독 작품, 주연 할리 베리(Halle Berry) 2004년 개봉작, 액션 영화

한편, 캣 우먼은 1941년 발매된 애니메이션 배트맨(Batman)에서 처음 등장한다.

고양이처럼 뾰족한 귀가 달린 몸에 딱 맞는 슈트를 입은 그녀는 강화유리도 자를 수 있는 손톱과 채찍을 들고 고양이처럼 변신하는 성격이다.

1992년 「배트맨 리턴즈」에서는 배트맨의 연인으로 등장하기도 했다.

○ 톰과 제리(Tom and Jerry)

애니메이션 역사상 가장 대표적인 미국 작품으로 미워할 수 없는 우둔하면서도 좌충우돌하는 고양이(Tom)와 꾀 많고 약삭빠르며 영리한 생쥐(Jerry)가 주인공이다.

1940년 만화영화로 1948~1990년 단편만화로, 1990년대 이후 장편만화로 선보였다.

Tom은 청회색 고양이로 Jerry를 어떻게 하면 괴롭힐 수 있을까 하는 생각으로 그를 궁지로 내 몰지만 짙은 갈색 생쥐 Jerry는 오히려

▲ 애니메이션 「톰과 제리(Tom and Jerry)」 포스터

Tom을 골탕 먹이게 된다.

한집에 살면서 Tom은 Jerry를 잡기 위해 호시탐탐 노리지만 Jerry는 이때마다 기상천외한 꾀로 언제나 Tom을 궁지로 몰아넣는다.

밝은 회색 불독인 Spike Dog는 고양이 Tom을 먼저 괴롭히지 않는다. 그렇지만 Tom이 자신의 아들이나 낮잠을 방해하면 Tom을 보기 좋게 응징하고 있다.

○ 흑묘백묘론(黑猫白猫論)

검은 고양이든 흰 고양이든 쥐만 잘 잡으면 된다는 「黑猫白猫 住老鼠, 就是好猫(흑묘백묘 주노서, 취시호묘)」의 줄임말이다.

중국의 개혁과 개방을 이끈 등소평(鄧小平)이 1979년 미국을 방문하고 돌아와 주장한 말로 유명해졌다.

다시 말해서 고양이의 색깔이 검든 희든 쥐만 잘 잡으면 되는 것처럼 공산주의(검은 고양이)든 자본주의(흰

▲ 등소평(鄧小平)

고양이)든 상관없이 중국인민을 잘 살게 하면 제일이라는 중국식 시장경제를 대표하는 용어로 자리 잡았다.

○ 궁서설묘(窮鼠齧猫)

쫓겨서 궁지에 몰린 쥐가 고양이를 문다는 뜻으로 위급한 상황에서는 평상시와 달리 약자가 강자에게 대항함을 일컫는다.

중국 전한(前漢)시대 「궁지에 몰린 쥐가 고양이를 물고, 평범한 사람도 만승의 군대를 칠 수 있으며, 신하도 활을 꺽을 수 있다」는 데서 유래됐다.

쥐와 고양이의 관계에서 연유한 궁서설묘는 힘이 약한 사람도 궁지에 몰리면 강한 사람에게 저항한다는 뜻을 지니고 있다.

제 9 장
민담과 유래담, 설화, 전설

- 개와 고양이의 구슬 다툼
- 고양이 목에 방울달기
- 고양이 바위와 승려
- 괭이못과 과부 이야기
- 고양이 각시 이야기
- 곤지암의 전설
- 민속놀이

고양이 백과

고양이 목에 방울을 달게 되면 방울소리로 고양이를 방어할 수 있지만 실제로는 고양이 목에 방울을 달 수 없다는 유래담으로 1678년 홍만종(洪萬宗, 1643~1725)의 『순오지(旬五志)』에 수록되어 있고, 널리 구전(口傳)되고 있다.

제9장
민담과 유래담, 설화, 전설

○ 개와 고양이의 구슬 다툼(견묘쟁구, 犬猫爭球)

　전국적으로 널리 알려진 개와 고양이의 사이가 나빠진 유래(由來)를 담고 있는 대표적인 민담(民譚)이다.
　옛날 어느 노부부가 물고기를 잡아 살아가고 있었다.
　어느 날 할아버지가 잉어를 잡았는데 잉어가 눈물을 흘리는 것을 보고 측은한 마음에 잉어를 다시 놓아 주었다.
　다음날 잉어를 잡았던 곳에 다시 나갔는데 한 소년이 있었고, 이 소년은 자신이 용왕(龍王)의 아들이라며 살려준 은혜에 감사하면서 용궁(龍宮)으로 초대하기에 이른다.
　용궁으로 초대받은 할아버지는 융숭한 대접을 받았고 보배 구슬을 선물로 받고 돌아온 뒤 갑자기 큰 부자가 되었다. 이

소식을 전해들은 이웃 마을 노파는 속임수를 써서 구슬을 훔쳐 가져가게 되고, 구슬을 잃어버린 이들 노부부는 다시 가난해지게 된다.

이 같은 사실을 알게 된 집에서 기르던 개와 고양이는 주인의 은혜를 갚기 위해 노파 집으로 찾아가 쥐 왕을 위협, 쥐 떼들을 시켜 드디어 잃어버렸던 구슬을 다시 찾아오게 된다.

집으로 돌아오던 중 강(江)을 건너야 했다. 개는 헤엄을 치고, 고양이는 개 등에 업혀 구슬을 입에 물고 강을 건너는데 개가 고양이에게 구슬을 잘 물고 있느냐고 몇 차례 묻자 고양이는 얼떨결에 대답하다가 입에 물었던 구슬을 강물 속으로 빠

▲ 물고기 등에 올라탄 고양이 모형

뜨리게 된다.

서로 잘잘못을 다투다가 개는 집으로 돌아갔고 고양이는 면목이 없어 강가에서 쪼그리고 물고기를 얻어먹다가 그 속에서 구슬을 찾게 되어 노부부에게 갖다 주기에 이른다.

이후부터 노부부는 구슬을 찾아 온 고양이에게는 맛있는 음식을 주고 집안으로 들어와 살게 했지만 개는 집밖에서 살게 하면서 박대했기에 개와 고양이 사이가 나빠지게 됐다는 것이다.

이 설화(說話)는 우리나라뿐만 아니라 전 세계적으로 다양한 형태로 전래되고 있고, 동물 보은담(報恩譚)과 동물 유래담(由來譚)의 하나로 손꼽히고 있다.

○ 고양이 목에 방울달기(묘항현령, 猫項縣鈴)

고양이 목에 방울을 달게 되면 방울소리로 고양이를 방어할 수 있지만 실제로는 고양이 목에 방울을 달 수 없다는 유래담으로 1678년 홍만종(洪萬宗, 1643~1725)의 『순오지(旬五志)』에 수록되어 있고, 널리 구전(口傳)되고 있다.

고양이로부터 늘 위험에 처해 있는 쥐들이 한 자리에 모여서

그 대책을 말하기를

「群鼠會活曰(군서회활왈)」

노적가리를 뚫고 쌀 광속에 깃들어 살면 살기가 윤택할 터인데 오직 두려운 것은 고양이 뿐이구나.

「穿庾棲生活可潤 但所 獨猫而已(천유서생활가윤 단소 독묘능기)」

어떤 쥐 한 마리가 말하기를

「有一鼠曰(유일서왈)」

고양이 목에 방울을 달면 아마도 그 소리를 듣고서 죽음을 피할 수 있을 것이라고 말했다.

「猫項 若縣鈴子 庶得聞聲而遁死矣(묘항 약현령자 서득문성이둔사의)」

쥐들이 기뻐서 날뛰며 말하기를

「群鼠喜躍(군서희약)」

자네 말이 맞네. 우리가 무엇을 두려워 할 것인가라고 하자

「子言是矣 吾何所耶(자언시의 오하소야)」

▲ 목에 방울 단 고양이

어떤 큰 쥐가 말하기를

「有大鼠徐言曰(유대서서언왈)」

옳기는 옳으나 고양이 목에 누가 우리를 위해 방울을 달 수 있겠는가 라고 하자

「是則是矣 然猫項 誰能爲我縣鈴耶(시즉시의 연묘항 수능위아현령야」

쥐들이 모두 깜작 놀라고 말았다는 이야기다

「群鼠愕然(군서악연)」

○ 고양이 바위와 승려

천안시에 따르면 충남 천안시 목천읍 남화리 동쪽 백호부리에는 마치 고양이가 입을 벌리고 있는 것 같은 형상의 고양이 바위가 있다.

아주 옛날 이 마을 심술쟁이가 마을을 망하게 할 심산으로 거짓 승려 행세를 하며 고양이 바위를 깨뜨려버리자 마을에는 질병이 크게 번지게 되었다.

이에 심술쟁이 거짓 승려는 자신의 잘못을 깨닫고 깨진 바위에 회를 발라 바위를 다시 붙여 놓았더니 마을에는 질병이 사

라지고 평안해졌다고 전해지고 있다.

○ 괭이못과 과부 이야기

충남 공주시 장기면 산학리 일대에 전해지는 「괭이못과 과부 이야기」는 죽어가는 고양이를 살려주었더니 배은망덕하게 과부를 죽이려다가 처벌을 받는다는 전설이다.

옛날 산학리에 한 과부가 살고 있었다.

홀로 사는 이 과부가 죽어가는 새끼 고양이를 발견하고 집으로 데려와 길렀는데 어느덧 고양이들이 늘어나서 십여 마리가 되었다.

어느 해 극심한 가뭄으로 식량을 구하기조차 어렵게 되자 과부는 자신도 먹고 살기 어렵고 고양이에게 줄 먹이도 없게 되자 집을 떠나려 했다.

그러자 이를 눈치 챈 고양이가 방으로 들어와 과부의 목을 누르는 것이었다.

과부는 고양이를 달래면서 「너희들끼리 잘 살아보라」고 했지만 고양이는 발에 힘을 더 주어 과부의 목을 눌렀다.

그때 하늘에서 번개가 치더니 「빠져 죽어라, 주인의 고마움을 알아라, 어서 못으로 뛰어들어라」하는 벼락같은 성난 소리가 들렸다.

그러자 고양이들이 못 속으로 들어가 빠져 죽었다.

다음 날 과부가 못에 가보니 고양이 시체는 하나밖에 없었다. 죽은 고양이를 건져내 못 근처에 묻어 주었는데 사람들은 이 못을 괭이못이라 이름 지었다고 한다.

〈디지털 공주문화대전〉

○ 고양이 각시 이야기

경북 울릉군에 전해오는 백년 묵은 고양이 이야기로 노란 저고리에 파란 치마를 입은 스무 살 정도 된 각시가 산중 외딴 집에 찾아와 하룻밤 재워줄 것을 간청했다.

▲ 경북 울릉군 지도

안주인은 산중 외딴 곳이어서 마땅히 잘 곳이 없음을 알고 이 각시를 자신의 집에서 하룻밤 자도록 허락했는데 얌전하게 보이던 각시는 문지방을 넘어서

자마자 안주인을 표독스럽게 쳐다보기에 안주인은 기분이 상했지만 화를 참기로 했다.

밤이 되어 잠을 자야 하는데 각시는 옷을 벗지 않고 이불 속으로 들어가기에 안주인은 이상하게 생각했다.

그런데 이불속에서 자던 아이가 갑자기 죽는 시늉을 하면서 울기 시작했다.

이상하게 여긴 안주인은 아이를 일으켜 세워 살펴보았지만 아무런 이상이 없는데도 아이는 이불 속에만 누이면 울어 댔다.

안주인은 이상하게 여기고 갑자기 이불을 걷어 젖혀보니 각시 치마 밑에 고양이 꼬리가 나와 있었다.

정체를 들킨 각시가 놀라 문구멍으로 뛰어 나가자 안주인은 엉겁결에 방바닥에 있던 가위를 집어 던졌다.

주인 부부가 나가보니 던진 가위에 고양이 꼬리가 맞아 잘려 있었다.

이 고양이는 외딴 집 부근에 살고 있었던 백년 묵은 고양이인데 사람으로 둔갑, 이 집 아이를 데리고 가기 위해 왔던 것이었고, 어른도 감지하지 못했던 것을 어린이가 육감으로 백년 묵은 고양이를 알게 된 것이었다.

〈디지털 울릉문화대전〉

○ 곤지암(昆池岩)의 전설

경기도 광주시 곤지암은 경기도 무형문화재 자료 제 63호로 지정된 곳으로 화강암의 큰 바위와 작은 바위 두 개가 있다.

조선 선조 때 명장 신립(申砬, 1546~1592) 장군의 전설을 간직하고 있는 이곳은 1592년 임진왜란 당시 충주 달천(達川) 지역에서 왜군과 싸우다가 참패하고 강물에 투신, 순국했다.

병사들이 물에서 신립 장군을 건져내니 두 눈을 부릅뜨고 당장이라도 호령할 것 같은 기세였다고 한다.

장군의 시체를 매고 이곳 광주로 옮겨 장례를 지냈지만 이후 이상한 일이 발생했다.

묘지에서 멀지 않는 곳에 고양이처럼 생긴 바위가 있었는데 누구든 말을 타고 고양이 바위 앞을 지나려고 하면 말발굽이 땅에 붙어 움직이지 않아 말에서 내려 걸어가야 했다는 것이다.

그러던 중 어느 장군이 이 앞을

▲ 경기도 광주시 소재 곤지암 바위

지나다가 왜 오가는 사람을 괴롭히느냐고 핀잔을 주자 갑자기 뇌성과 함께 벼락이 고양이 바위를 내리쳐 바위가 두 쪽으로 갈라지고 그 옆에는 큰 연못이 생기게 되었고, 이후 괴이한 일들이 일어나지 않게 되었다고 하며 사람들은 이 바위를 곤지암으로 부르게 되었다.

〈한국지명유래집, 국토지리정보원, 2009〉

○ 민속놀이

- 쥐잡기 놀이

진도디지털 문화대전에 따르면 쥐잡기놀이는 전남 진도지역 민속놀이이다.

주로 여자아이들이 방안에서 하는 놀이로 다리세기 놀이를 통해 고양이의 역할을 할 사람과 쥐 역할을 맡게 될 사람을 뽑은 뒤 고양이 역할을 하게 되는 사람의 눈을 가리고 쥐 소리를 내는 사람들을 잡는 놀이이다.

① 여러 사람이 서로 마주보고 앉는다.

② 앞에 앉은 사람의 다리 사이에 자신의 다리를 뻗고 다리 세우기를 한다.

③「한다리 만다리 청작 때각 느그 삼촌 어디가던

하산으로 말타러 갔단다.

몇말탓냐, 닷말 탓다.

옥금 족금 무수탱」

④ 마지막 「탱」에서 다리를 모으고 다시 그 다음 다리부터 세기 시작한다.

⑤ 끝에 남는 사람이 고양이가 되며 수건으로 눈을 가리고 쥐를 잡으러 다닌다.

⑥ 쥐 역할 사람들은 이쪽저쪽으로 피하면서 「찍찍」 쥐 소리를 낸다.

⑦ 고양이에 잡히면 그 사람이 대신 고양이가 된다.

- 가락지 찾기

한국민족문화대백과, 한국학중앙연구원에 따르면 가락지 찾기 놀이는 정월 등 겨울철 부녀자들이나 여자 아이들이 방안에서 즐기던 놀이였다.

여러 명의 부녀자들이나 아이들이 둘러앉아 가락지를 숨기고 찾아내는 놀이로 중부 이북지방과 강원 지역에서 행해졌다.

① 7~8명이 방안에 둘러앉는다.

② 가위, 바위, 보로 술래로 고양이를 정한다.

③ 술래는 사람들이 둘러앉은 가운데로 들어가 눈을 감거나 가린다.

④ 술래를 중심으로 둘러앉은 사람들은 노래를 부르며 가락지를 옆 사람에게 돌리다가 술래가 눈치 채지 못하도록 어느 한 사람이 감춘다.

⑤ 술래는 사람들이 「됐다」라는 신호에 따라 눈을 뜨고 가락지를 감춘 사람을 찾는다.

⑥ 이때 둘러앉은 사람들은 술래가 가락지를 찾지 못하도록 놀려주거나 자기가 가락지를 가진 것처럼 혼란을 주기도 한다.

⑦ 술래는 누가 가락지를 갖고 있는지 찾기 위해 둘러앉은 사람들의 표정이나 몸짓을 보아가며 가락지를 숨기고 있는 사람을 지목하게 된다.

⑧ 가락지를 찾으면 그 사람이 술래가 되고 그렇지 못했을 때는 계속 술래가 되는데 이 때는 사람들의 요구에 따라 노래 부르기나 장기자랑을 해야 한다.

제 10 장
다양한 고양이

- 형질 전환 복제고양이
- 희귀한 삼색 수고양이
- 애완 고양이
- 캣 쇼
- 들고양이
- 들고양이에 새(鳥) 보호 목도리

고양이
백과

고양이 사육의 특징은 실내 사육이며, 실내에서 가족과 함께 생활하더라도 독립심이 강한 고양이는 애견처럼 일일이 돌봐줘야 하는 번거로움이 적다는 특징을 지니고 있다.

제10장
다양한 고양이

○ 형질 전환 복제고양이

체세포 복제기술을 이용해 적색 형광 단백질이 발현되는 형질 전환 복제고양이가 세계 최초로 국내 연구진에 의해 탄생됐다.

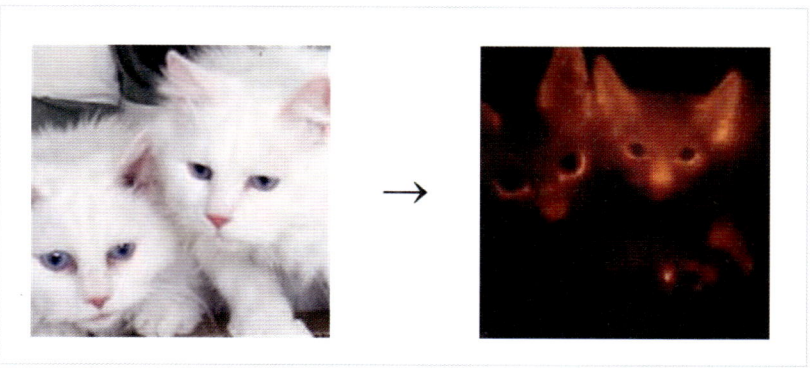

▲ 적색 형광 유전자를 가진 고양이(왼쪽)에 자외선을 쪼이자 붉은 빛을 내고 있다.(오른쪽)

경상대학교 농업생명과학대학 동물복제연구팀과 순천대학교 발생학 연구팀에 의해 생산된 형질 전환 복제고양이는 사람에 적용할 수 있는 고양이의 다양한 유전적 난치질병 치료연구와 인간의 질환모델 동물을 복제 생산할 수 있다는 점에서 주목받고 있다.

특히, 표지유전자와 붉은색 형광 단백질 유전자가 적색을 발현하고 있기 때문에 배아줄기세포, 성체줄기세포 등의 분화 유도와 이식 후 유전자 추적을 비롯한 인간의 유전질환연구 등 모델동물로 효율적으로 활용될 수 있을 것으로 기대되고 있다.

형질 전환 복제고양이는 고양이의 피부세포에 바이러스를 이용해 붉은 빛을 내는 형광 단백질(RFP) 유전자를 삽입한 뒤 이 세포를 핵이 제거된 난자에 주입, 적색 형광 단백질이 발현되는 고양이를 생산한 것이다.

○ 희귀한 삼색(三色) 수고양이

고양이의 염색체수는 38개로 1쌍의 성(性) 염색체가 암·수를 결정하게 된다.

일반적으로 XX는 암컷으로, XY는 수컷이 된다. 그런데 고양이 털색 유전자 중 우성(優性) 유전자와 열성(劣性) 유전자가 있어 우성 유전자끼리 만나면 갈색 고양이가, 열성 유전자끼리 만나게 되면 갈색 이외의 고양이가 태어나게 된다.

그런데 우성과 열성 유전자가 합쳐져야 삼색 고양이가 태어나게 되므로 수컷 가운데 삼색 고양이가 태어날 확률은 극소로 희박해지게 된다.

이 같은 현상은 클라인펠터 증후군(Klinefelter Syndrome)에서 비롯되고 있다.

이 증후군은 난자와 정자가 생기는 과정 중에서 X염색체가 쌍(雙)을 이루었다가 단일한 X 염색체로 분리되어야만 하는데 이 과정 중에서 문제가 생겨나기 때문이다.

결국 여분의 X 염색체 속에 더 있는 난자와 정자가 수태(受胎)에 이용되는 것으로 염색체는 XXY나 XXXY가 되어 수컷의 호르몬분비 이상이나 정자생성 불가능 등 고환(睾丸)기능 이상을 일으키게 되므로 삼색 수고양이는 거의 생식능력이 없게 된다.

삼색 고양이의 기본 색상은 흰색 바탕에, 주황색, 검은색이 대부분이다.

삼색 수고양이가 태어날 확률은 1/3,000 또는 1/10,000이라는 주장도 있어 그 희귀성은 혀를 내두르게 하고도 남음이 있다.

한편, 삼색 고양이는 예로부터 행운의 상징이어서 삼색 고양이를 배에 태우면 풍랑피해 없이 안전하게 운항할 수 있다고 믿어왔고 삼색 고양이는 재물을 안겨준다고 전해지고 있다.

○ 애완 고양이

국내에도 애완 고양이를 기르고 사랑하는 애묘인(愛猫人)들이 급증하고 있다.

고양이 사육은 흔히 애견(愛犬)과 상대적으로 비교된다.

개나 고양이 모두 고기나 젖, 알 등을 생산하는 경제가축의 개념이 아닌 반려동물(伴侶動物)의 범주에 속하고 있기 때문이다.

고양이 사육의 특징은 실내 사육이며, 실내에서 가족과 함께 생활하더라도 독립심이 강한 고양이는 애견처럼 일일이 돌봐줘야 하는 번거로움이 적다는 특징을 지니고 있다.

고양이는 에너지를 소모하지 않기 위해 하루에 절반 이상을 느긋하게 잠자는데 쓰며, 발정기(發情期)를 제외하고는 조용하다는 장점을 지녀 애견처럼 짖는 소리에 시달리지 않는다.

또한, 애견과 달리 무혈발정(無血發情)이다.

▲ 애완고양이

특히, 고양이는 일정한 장소에서 대·소변 구별과 배설한 분뇨를 모래 등으로 덮는 청결성과 체취가 거의 없고 물을 싫어하고 워낙 청결해서 목욕을 시키지 않아도 된다는 장점도 있다.

애견과 달리 산책 등 운동도 요구하지 않고 신비스러운 눈동자와 눈치가 빨라 기르기에 적합하다. 또한, 움직이는 물체에 대한 반응에 예민해 함께 놀 수 있는 기회도 많아진다는 장점을 지니고 있다.

조용하고 부드러운 신체구조를 지닌 고양이는 사람이 안

▲ 고양이 타워

고 있을 때 평안해짐을 느낄 수 있고, 가족 구성원과의 관계에서도 종속관계가 아닌 수평적 관계를 유지하는 것이 두드러진 특징이다.

○ 캣 쇼(Cat Show)

반려 고양이와 애묘인들의 축제로 불리는 캣 쇼는 고양이 표준품종에 적합한 순수한 고양이 품종을 선발, 보다 나은 번식을 통해 순수혈통을 유지하는데 그 목적을 두고 있다.

이에 따라 캣 쇼는 품종 고유의 외형과 특성을 잘 갖추고 있는 고양이를 선발하는데 주안점이 주어진다.

캣 쇼의 역사는 1871년 영국으로 거슬러 올라가며 당시 160마리의 고양이들이 출품된 바 있다. 이후 캣 쇼는 전 세계 애묘인들의 축제로 발전의 발전을 거듭해 오고 있다.

캣 쇼는 혈통등록을 비롯한 브리더들과 애묘인들의 축제로 CFA(Cat Fancier's Association, INC), TICA(The International Cat Association) 등이 세계적으로 널리 알려져 있다.

캣 쇼 진행은 크게 두 가지로 대별된다.

가장 널리 알려진 캣 쇼 시스템은 심사위원이 심사대(Ring)에서 각각의 고양이를 심사하는 방식으로 소유자나 참관객 등이 심사점수와 심사과정 등을 참관할 수 있다는 장점을 지니고 있다. 다른 방식은 각각의 케이지에 품종별, 컬러별, 암·수 등을 구분해 전시하고 심사위원들이 순회하면서 품종표준에 가장 적합한 고양이를 선발하는 방식이다.

어떤 방식이든 캣 쇼 심사는 각 묘종이 지닌 표준이 기본이며 품종, 색상, 암·수, 장모종, 단모종 등으로 세분화되고 품종표준이 가장 우선시 된다.

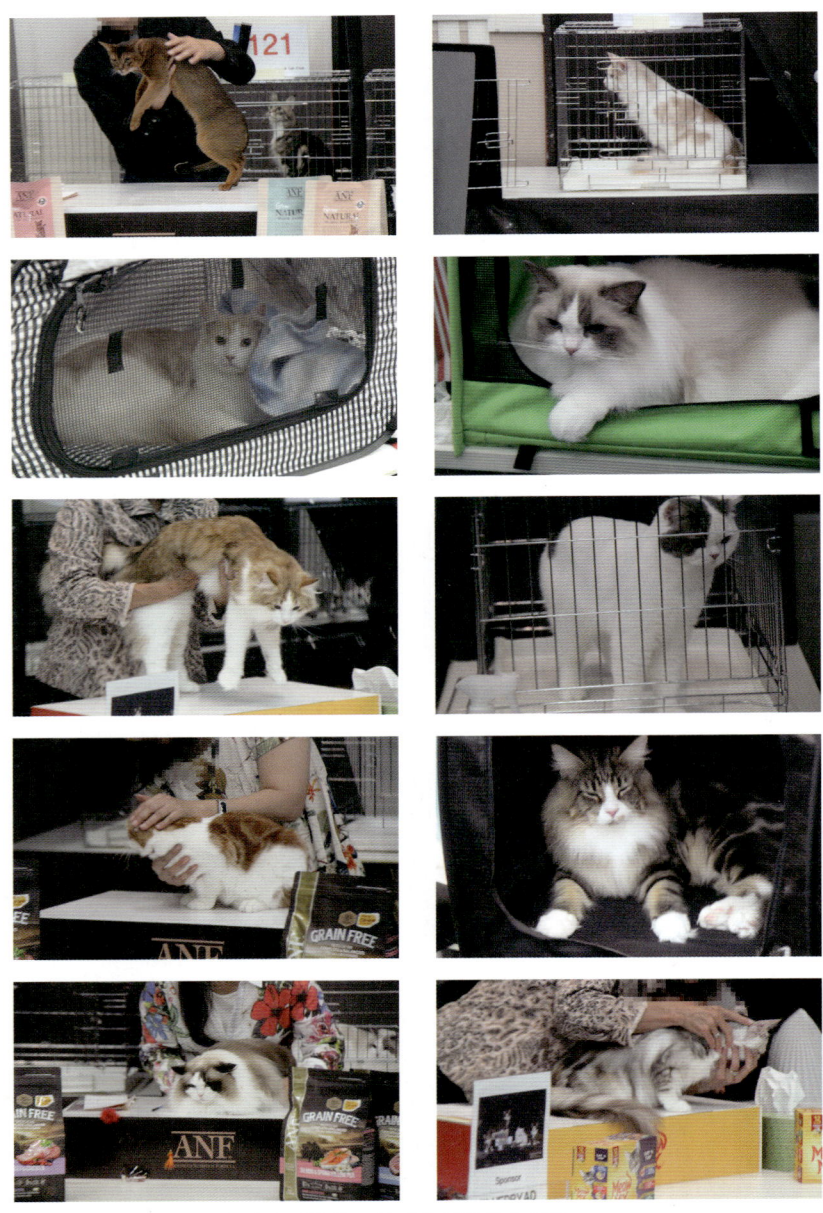

▲ 캣 쇼에서 품종표준에 가장 적합한 고양이를 선발하고 있다.

또한, 고양이의 건강상태, 성격, 그루밍 상태 등도 종합적으로 판단케 된다.

캣 쇼의 두드러진 특징은 혈통등록이 이뤄지지 않은 일반 가정 반려동물에게도 문호를 개방, 애묘인 누구나 캣 쇼에 동참해 함께 즐길 수 있다는 것이다.

TICA 심사규정에 따르면 캣 쇼는 출전하는 고양이 클래스 내에서 경쟁하고 TICA에서 규정한 품종으로 △생후 4개월령 이상 8개월령 미만의 어린 고양이(Kitten Class) △생후 8개월령 이상의 어른 고양이(Cat Class) △중성화시킨 고양이(Alter Class) △TICA 규정 품종이외 고양이로 생후 8개월령 이상의 중성화시킨 어른 고양이(House hold pets Class)로 구분되고 있다.

이들 각 클래스는 TICA 분류규정에 따라 가장 작은 분류기준인 Color 내에서 심사가 먼저 진행되고, 이후 상위 분류기준인 Division, Breed로 심사한다.

컬러와 디비전 심사 시 수여 받은 포인트는 타이틀 획득 시 사용되는 포인트이다.

가장 작은 경쟁단위인 컬러 구분에 의해 같은 컬러에 속한 고양이들과 가장 먼저 경쟁하게 되는 컬러 내에서의 심사와 순위는 컬러 분야 심사 후 1위부터 5위까지의 고양이를 선정, 순위에 해당하는 리본을 수여한다.

순위별 리본의 색깔은 △1위 Blue 25점 △2위 Red 20점 △3위 Yellow 15점 △4위 Green 10점 △5위 White 5점이다.

컬러별 심사 후에는 디비전 내에서의 심사가 진행된다.

디비전 심사 후에는 1위부터 3위까지 고양이가 선정되며, 리본이 수여된다.

순위별 리본 색깔은 △1위 Black 25점 △2위 Purple 20점 △3위 Orange 15점이다.

디비전별 심사 후에는 같은 품종 내의 고양이에 대한 순위를 정하는 브리드 심사가 진행된다.

브리드 심사는 컬러와 디비전에 상관없이 한 품종 내의 모든 고양이를 대상으로 1위부터 3위까지 선정한다.

클래스 내의 모든 품종에 대한 심사가 마무리되면 클래스 내의 가장 우수한 고양이들을 선정하기 위한 Final이 진행된다.

파이널에 진출하는 고양이 숫자는 그 클래스에 출전하는 고양이의 총 숫자에 따라 달라진다.

파이널은 품종에 관계없이 클래스 내의 전체 고양이를 대상으로 하며 파이널에서의 성적에 따라 포인트를 획득하게 된다.

포인트 계산방법은 올 브리드(All Breed) 링과 스페셜리티(Specialty) 링으로 구분된다.

올 브리드 링은 각 클래스별로 출전한 총 마릿수와 랭크된 파이널 링 등수를 대입해 점수를 정산하고 스페셜리티 링도 스페셜리티 출전묘의 숫자(숏 헤어, 롱 헤어)와 파이널 링 랭크를 대입해 점수를 찾아 계산토록 되어 있다.

클래스별 출전묘수와 파이널 진출 가능 묘수는 △5~20마리, 5마리 △21마리, 6마리 △22마리, 7마리, 23마리, 8마리 △24마리, 9마리 △25마리 이상, 10마리이다.

한편, 각 클래스에 대한 심사가 끝나면 그날 캣 쇼에서 가장 우수한 성묘(成猫)와 자묘(仔苗)를 선정, 클래스별로 Best of Best in Show에 대한 시상이 이뤄진다.

○ 들고양이

도시 주변 고양이는 사람에게 의존하는 형과 사람에게 구속되지 않고 인가 주위에서 살아가는 고양이, 야생(野生)하는 고양이로 구분되기도 한다.

▲ 북한산 들고양이

　버려진 고양이, 집 나온 고양이 등과 이들의 번식으로 형성된 고양이를 통칭, 들고양이로 지칭하며, 집 고양이에 비해 꼬리가 길고 행동범위가 넓은 것을 특징으로 하고 있다.

　야생 들고양이는 집 고양이에 비해 생포 시 공격적인 행동을 보이고 나무 등지를 자유자재로 올라 다니며 다양한 사냥기술을 터득하고 있다.

　농림축산식품부의 『제주도 야생동물에 의한 피해실태 분석과 효율적인 대처 방안에 관한 연구보고서』에 따르면 들고양이의 체중은 수컷 4.1kg, 암컷 3.3kg이었고, 한배(腹) 산자 수는 4.33±1.52마리, 임신기간은 60~62일 정도였다.

　이들 들 고양이는 양계장을 비롯한 토끼 사육장에 피해를

▲ 들고양이는 집 고양이에 비해 꼬리가 길고 행동범위가 넓다.

입히고 있었고, 겨울철에는 해안과 계곡에 도래하는 오리류와 수조류(水鳥類), 각종 조류, 소형 포유류 등을 잡아먹는 등 생태계를 교란시키는 것으로 나타났다.

고양이의 피해는 조선시대 김득신(金得臣, 1754~1822)의 병아리를 채가는 고양이 그림에서도 여실히 나타나고 있다.

병아리 한 마리를 입에 물고 여유롭게 달아나는 고양이를 목격한 부부는 깜짝 놀라 버선발로 담뱃대를 휘두르고 있고, 병아리를 잃은 어미 닭은 날개를 펼치고 고양이를 쫓고 있다.

김정국(金正國, 1485~1541)의 『사재척언(思齋撫言)』에서 그

의 형이 기르던 암탉이 병아리를 깼는데 고양이가 어미닭을 채간 일화(逸話)가 담겨 있는 등 고양이는 예로부터 닭과 병아리의 천적(天敵)이기도 했다.

들고양이는 애완 고양이 등이 유기(遺棄)되면서 야생화(野生化)되기에 이르렀고, 1990년대 중반 이후 인가(人家) 주변, 인근 야산 등에 서식하면서 생태계 교란(攪亂)과 거리 훼손, 농작물 피해 등이 문제점으로 지적되기도 한다.

▲ 길냥이

환경부가 실시한 『들고양이 서식실태 및 관리방안』 연구용역에 따르면 들 고양이의 먹이는 배설물을 통한 분석 결과 동물 41%, 음식물 21%, 야생식물 12%, 비닐 등 기타 26%로 보고되기도 했다.

또한, 들쥐, 다람쥐, 꿩, 참새, 비둘기 등 야생조수(野生鳥獸)

와 곤충들이 주요 먹이였다.

들고양이의 행동권 분석에 대해서는 『경주 국립공원의 남산 일대에 서식하는 들고양이의 행동권 분석에 관한 연구』에 잘 나타나 있다.

이 연구는 산림 외곽과 산림 내 서로 다른 서식 환경에서의 들고양이 행동권을 분석키 위해 진행된 것으로 공통적으로 간접적인 사람의 도움을 받고 서식하고 있다는 사실이다.

산림 외각의 들고양이의 개체는 민가 주변에서 서식하며 사람의 음식물을 통해 먹이를 공급받았고, 산림 내 개체는 사찰이나 탐방객에 의해 공급되는 음식물이 주 먹이원이었다.

따라서 산림 내에 서식하는 개체는 지속적인 먹이 자원이 공급되는 사찰이 핵심지역으로 나타났다.

산림 외각 서식 개체의 경우는 대형 창고나 인근 상가구조물을 중심으로 핵심지역을 형성하며 상가나 주택가 음식물쓰레기가 주요 먹이 자원이었다.

특히, 길고양이 등이 도심지 주택가 등의 음식물쓰레기 봉투를 찢거나 훼손시키고 발정음(發情音), 싸우는 소리 등으로 민원(民願)의 대상이 되고 있기도 하다.

길고양이 문제를 해결하기 위해서는 TNR(trap 포획, neuter

중성화 불임시술, rutern 방사)이 시행되고 있다.

「길냥이」로 애칭 되는 길고양이는 영역(領域)을 중요시 하는 야행성(夜行性) 동물이어서 일몰(日沒) 이후 물과 사료를 주는 것이 바람직하다.

이는 낮에 사료와 물을 줄 경우 생활 습성이 바뀌어 낮에도 돌아다니기 때문이다.

들고양이에 새(鳥) 보호 목도리

환경부는 국립공원 들고양이들에게 새 보호 목도리를 씌워 새를 비롯한 야생동물들이 고양이의 접근을 잘 인식케 함으로써 고양이의 사냥 성공률을 낮춰가기로 했다.

새 보호 목도리는 원색 천으로 만든 것으로 야생조류나 동물들이 고양이의 접근을 사전에 감지, 고양이의 먹잇감에서 벗어나게 하기 위한 것이다.

▲ 고양이 새 보호 목도리

그러나 쥐들은 색감을 구분하지 못하기 때문에 새 보호 목도리를 씌운 고양이의 사냥능력에는 큰 영향을 미치지 않게 된다.

　고양이는 대표적인 반려동물이지만 야생의 들고양이는 야생조류를 비롯한 소형 양서류, 파충류, 포유류 등을 잡아먹는 포식자일 뿐만 아니라 잡은 동물의 일부분만 먹이로 삼고 재미삼아 사냥하는 습성을 지니고 있다.

　이와 함께 국립공원 전역 들 고양이의 중성화 방법을 기존의 정소와 난소를 제거하는 TNR 방식에서 정소와 난소를 그대로 두고 정관과 자궁이 통로를 차단하는 TVHR 방식으로 변경 시행키로 했다.

　이 수술방식은 들고양이들의 영역 확보 본능과 생식 본능이 유지되도록 하면서도 방사지역 들고양이들의 서식밀도가 높아지지 않게 하며 들 고양이들의 복지 측면에서 개선된 방법이다.

　그러나 도시지역 길고양이들에게 수술방식을 TVHR 방식으로 변경케 되면 고양이의 울음소리 민원을 해소할 수 없다는 단점이 있어 이의 적용에는 한계가 있다.

참고·인용문헌

· 기처타살, 동아일보, 1925. 12, 1
· 오원자부, 양주동 역, 한국고전번역원, 1969
· 가축과 실험동물의 생리 자료, 고양이, 정순동, 정영채, 전해범, 양일석, 김용군, 대한생리학회지, 1973
· 투묘, 김철희 역, 한국고전번역원, 1976
· 한국가축문화사, 고양이, 이규태, 축신진흥, 1980. 12
· 검은 고양이 새끼를 얻다, 이상형 역, 한국고전번역원, 1980
· 한국민족문화대백과사전 2, 고양이, 한국정신문화연구원, 1991
· The Complete Cat Book, Richaro h. Gebhardt, Howell Book House, 1991
· 이노행, 양홍렬 역, 한국고전번역원, 1994
· 조선후기 고양이 그림에 관한 연구, 정미경, 세종대학교 대학원 석사 학위논문, 1997
· 고양이 기르기, 강종일, 대한수의사회지 제35권 10호, 1999
· Cat, the Complete Guide, Claire Bessant, Metro Books, 2000
· 한국에서 서식하는 고양이의 식이습성, 권경자, 경남대학교 대학원 석사 학위논문, 2001
· 야광의 사파이어 눈빛 고양이, 이희훈, 특수축산 2002. 5

- 증보산림경제I, 유중림, 농촌진흥청, 2003
- 묘포서설, 축묘설, 묘설, 양현승 역주, 한국설문학선, 도서출판 월인, 2004
- 한·일 동물관련 속담의 비교연구, 정유지, 한남대학교 교육대학원 석사 학위논문, 2004
- 조선기행, 샤를바라, 성귀수 옮김, 눈빛, 2006
- 한국한문학에 표상된 고양이의 성격, 손찬식, 인문학연구 제35권 제1호, 2008
- 동국세시기, 홍석모, 정승모 풀어 씀, 도서출판 풀빛, 2009
- 경주 국립공원의 남산 일대에 서식하는 들 고양이의 행동권 분석에 관한 연구, 김철영, 동국대학교 대학원 석사 학위논문, 2010
- 조선시대 한시 읽기 下, 원주용, 아담북스, 2010
- 1st ANF Super Championship Cat Show, 4Th TICA-TKBS(The Korea Bengal CatSociety) 2017. 6

저자 소개

(주)현축 대표이사로 1968년 창간된 월간 「현대양계」, 월간 「현대양돈」, 인터넷신문 「현대축산뉴스」 발행인이다.

FAO(국제연합식량농업기구), DAD-IS(가축다양성 정보시스템)에 등재된 재래 긴꼬리닭 육종가로 널리 알려져 있다.

재래 긴꼬리닭은 농림축산식품부 축산법에 따라 토종가축으로 인정받은 재래종이며, 농촌진흥청 국립축산과학원 가축유전자원 관리농장으로 지정돼 있다.

농촌진흥청 국립축산과학원은 2018년부터 2021년까지 축산업 강화를 위해 긴꼬리닭의 유전체 해독사업을 실시 중에 있다.

사육하는 백색 경주 비둘기도 FAO, DAD-IS에 등재돼 있다.

축산문화연구가로 가축과 가금 관련 서적, 동·서양화, 조각품, 모형, 도자기, 민속품 등 만여 점에 달하는 애장품을 소장하고 있다.

주요 저서로는 「타조시대」「오소리의 비밀」「토끼의 세계」「긴꼬리닭·공작 사육비법」「닭의 백과」「계란백과」「닭고기 백과」「돼지백과」「세계의 닭」「토종닭 백과」「오리백과」「닭의 세계」「한국의 재래닭」「한국토종닭」「韓민족과 한우」「개의 백과」「메추리백과」「가축문화사(돼지, 한우, 말」「가금문화사(닭, 오리, 메추리, 꿩, 거위, 비둘기」 등이 있다.

이밖에도 「한국의 종돈장」「최신 양돈시설」「합리적인 축분뇨처리」「무창돈사시설」「돼지인공수정」「한국타조총람」「한국양계CEO 48人選」「한국양돈CEO 30人選」「한국가금산업의 거목 30人選」「한국양돈 CEO & 오피니언 리더 30人選」「한국양계산업의 선구자」 등을 펴냈다.

고양이백과

- 발행일 : 2019년 10월 25일
- 저자 : 이희훈
- 발행처 : (주)현축
- 발행인 : 이희훈
- 인쇄처 : (주)갑우문화사
- 신고번호 : 제13-96
- 주소 : 서울시 강서구 강서로 521-8
- 전화 : (02)3665-4011~8
- FAX : (02)3665-4019
- 편집·교정 : 이국열 기자
- 디자인 : 성현정 실장
- 정가 : 30,000원
- ISBN : 978-89-85841-33-7

※ 이 책의 저작권은 저자에게 있으며 저작권법에 따라 무단 전재나 무단 복제를 금합니다.